Assorted Words 1

```
X  R  G  N  A  S  A  L  I  Z  E  D  B  C  B
Y  T  I  L  U  D  E  R  C  V  Q  W  F  U  L
C  R  B  R  U  B  A  P  T  I  Z  E  K  R  B
M  A  E  C  O  U  N  T  E  R  F  E  I  T  E
P  A  X  T  R  C  O  Z  P  U  H  T  N  A  R
S  H  B  J  U  E  D  A  B  A  T  E  E  I  A
E  E  Q  O  K  R  Y  P  M  O  H  F  T  N  D
C  W  I  U  L  V  N  D  R  E  B  K  I  B  I
U  P  S  R  I  I  E  I  E  E  B  F  C  T  C
R  S  T  Z  A  C  S  M  N  K  P  A  S  G  A
E  Q  M  O  A  E  K  H  R  G  C  P  D  S  T
S  J  C  B  V  S  R  I  E  Q  Y  A  E  W  E
T  W  H  E  E  L  E  D  N  S  F  T  P  D  D
K  D  B  F  Y  Y  F  R  E  C  K  L  I  N  G
R  L  A  C  I  M  O  N  O  R  T  S  A  G  U
```

ABATE	CURTAIN	QUICK
ABOLISHES	DREARIES	RETURNING
AMEBA	ERADICATED	SECUREST
ANODYNES	FRECKLING	UNPACKED
BAPTIZE	GASTRONOMICAL	WHEELED
CERVICES	KINETICS	
COUNTERFEIT	NASALIZED	
CREDULITY	PREPPED	

Assorted Words 2

```
D P S E Z I L A T I P S O H C
F D U C O N S U M M A T E Q A
O J O L N E E D L E W O R K T
L A T A F N O N V T J M V R A
S G M V S R E I R C B Q P E F
G P S T H G I L D O O L F U A
Q N O Q A V A I L A B L E N L
P C I H T Z B B A H L I C I Q
I F L N S B R C E D S I H F U
C S Y E N R U O J I E A G Y E
K V B V G A E V O W D L R H Y
L A J C B W T B P K G D E H T
E S G P Z L E N R W I M I U T
S B U N G E D E U A G N C K D
S E A L E R S D M S B H G M H
```

ALIGHT	CRIERS	PICKLES
AVAILABLE	DUELED	REUNIFY
BARBERSHOPS	FLOODLIGHTS	ROOKING
BORNE	HOSPITALIZES	SEALERS
BRAWLER	JOURNEYS	SUNTANNING
BUNGED	KIDDIE	THRASH
CATAFALQUE	NEEDLEWORK	
CONSUMMATE	NONFATAL	

Assorted Words 3

```
R X C K M I N I M U M S F S S
Q A U O E T V V H L E O P P U
S P M U M D N E Q W D L R R B
K W B P F P E E L Z S U O I M
Y G Y C I A E M M L X M T N E
W W N G C S S N O N U M R C R
R I W I N K T E S N I M A I S
I L E A T I G A L A I A C P I
T I I Z D N L N C D T C T L N
I E G H I G I I I H D E I E G
N S H D P A I O A T I I S S D
G T T B V Z C E P T A O R M V
P A L I M O N Y B P R L S C S
E B G N I T R I G V A U S Q Z
X W K S E T A N I M I R C N I
```

APPOINTING	MINIMUMS	SLATING
ASKING	MUMPS	SUBMERSING
COMPENSATES	PALIMONY	VELLUM
CURTAILING	PISTACHIOS	WEIGHT
DEMONIC	PRINCIPLES	WILIEST
DETAINMENT	PROTRACT	
GIRTING	RIDDLES	
INCRIMINATES	SKYWRITING	

Assorted Words 4

```
L  D  P  A  L  I  M  P  S  E  S  T  Y  M  E
V  M  M  S  E  I  M  E  N  E  H  C  R  A  F
L  R  Y  K  T  D  P  R  E  T  D  E  X  I  F
A  Y  Y  T  A  E  M  E  E  S  L  G  I  R  D
C  D  U  D  E  D  N  S  C  V  E  G  M  D  R
Q  Z  X  H  O  N  T  G  E  K  I  C  S  R  E
U  M  Y  U  M  B  Q  Y  A  I  I  A  A  O  V
E  N  C  L  O  S  I  N  G  R  M  N  W  P  E
R  N  I  C  K  S  B  T  W  M  D  M  G  P  L
E  M  Y  L  L  A  U  T  N  E  V  E  U  E  A
D  D  S  B  Y  A  N  U  C  A  L  B  T  D  T
Z  S  E  C  N  A  L  A  B  R  E  V  O  W  I
J  M  S  E  D  A  U  S  R  E  P  T  D  J  O
S  L  S  L  L  A  F  T  O  O  F  W  Q  O  N
S  E  I  K  C  I  U  Q  B  R  E  U  S  E  S
```

AIRDROPPED	FIXED	PALIMPSEST
ANTIBODY	FOOTFALLS	PECKING
ARCHENEMIES	LACQUERED	PERSUADES
DRAGNETS	LACUNA	QUICKIES
DUDED	MEATY	REUSES
DUMMIES	NICKS	REVELATIONS
ENCLOSING	OVERBALANCES	WAIVER
EVENTUALLY	PACES	

Assorted Words 5

```
B  M  I  N  G  N  I  Z  I  C  A  R  T  S  O
U  A  N  Y  C  R  O  S  S  O  V  E  R  Q  X
C  Y  D  R  R  V  M  S  I  N  A  T  A  S  W
K  P  I  A  A  R  H  B  S  C  Y  X  X  K  P
W  O  S  D  S  D  O  O  H  E  S  L  A  F  O
H  L  P  I  H  A  B  L  C  P  R  M  H  W  L
E  E  E  O  M  F  R  O  O  T  F  G  W  W  I
A  R  N  E  R  I  S  B  O  U  C  J  N  O  T
T  D  S  D  F  R  J  Z  A  A  T  G  E  O  I
Q  H  A  C  R  E  D  I  B  L  E  C  Z  L  C
E  J  B  E  M  M  B  A  K  L  E  J  R  L  A
Q  N  L  E  W  A  U  E  S  Y  Y  D  R  Y  L
W  W  Y  D  E  N  U  R  P  X  D  A  N  I  L
R  I  N  D  I  V  I  D  U  A  L  L  Y  A  Y
Y  R  S  O  Y  R  B  M  E  A  T  X  L  Q  C
```

BUCKWHEAT	FIREMAN	RADIOED
CANDELABRAS	INDISPENSABLY	SATANISM
CONCEPTUALLY	INDIVIDUALLY	WOOLLY
CONGRESS	MAYPOLE	
CREDIBLE	OSTRACIZING	
CROSSOVER	OUTCRY	
EMBRYOS	POLITICALLY	
FALSEHOODS	PRUNED	

Assorted Words 6

```
F  C  O  N  G  R  E  G  A  T  E  S  D  S  S
Z  U  K  Q  E  C  U  L  T  I  V  A  T  O  R
Z  S  N  O  I  T  A  R  C  E  S  N  O  C  N
W  Q  X  D  N  U  O  B  T  S  A  E  B  K  P
N  O  V  E  L  T  Y  D  Z  X  V  F  R  R  S
V  S  E  X  A  M  I  L  C  I  T  N  A  E  F
B  I  R  T  H  P  L  A  C  E  D  C  M  F  I
O  L  E  C  H  E  R  G  H  L  N  L  B  A  N
D  J  E  N  L  I  S  T  I  N  G  A  L  S  G
A  A  G  K  D  H  I  P  P  E  R  S  E  H  E
U  R  O  M  D  O  A  M  M  P  V  S  J  I  R
E  U  U  L  X  D  W  J  U  D  N  E  T  O  I
Q  O  S  S  E  N  E  S  N  E  D  S  X  N  N
S  E  S  S  U  R  T  T  K  T  Q  R  D  D  G
P  R  E  P  A  R  E  D  S  V  A  T  T  E  D
```

ANECDOTE	CULTIVATOR	NOVELTY
ANTICLIMAXES	DENSENESS	PREPARED
BIRTHPLACE	EASTBOUND	REFASHION
BRAMBLE	ENDOW	RELOAD
CHIPMUNKS	ENLISTING	TRUSSES
CLASSES	FINGERING	VATTED
CONGREGATES	HIPPER	
CONSECRATIONS	LECHER	

Assorted Words 7

```
T N E C S I N I M E R E E K M
Z G C T A E S G N I K O R T S
J F R O N T G T T F K S O Q
O E S O F A F D S Z S H N B T
V D S U U D T I U U S Y J L H
E D E H D P E S S J J S E I S
R P E L A E S N N H S N O G E
L A Q T P G T T E O E I U A G
O L D R S I G L S K C S M T R
A S J E O A C I U E C N F I E
D I I S C N L N N A P A I O G
R E D U C E S T I G S M L N A
W S Z T P E R J U R E S I S T
U D E N O I T I S O P A A L E
Y I R E G U L A T O R Y A L D
```

ASSAULTED	OBLIGATION	REGULATORY
CATFISHES	OUTLASTED	REMINISCENT
CEDAR	OVERLOAD	SEGREGATED
FRONT	PALSIES	SHAGGING
GROUPS	PERJURE	SLACKENED
INCONSTANT	POSITIONED	STROKING
LIMPEST	PRINCIPLED	UNJUST
MISJUDGE	REDUCES	

Assorted Words 8

```
A  A  W  C  I  R  A  I  L  R  O  A  D  S  R
N  O  R  O  S  U  O  S  E  H  S  U  R  T  E
G  I  I  M  T  R  A  V  E  R  S  E  S  E  A
G  G  E  B  G  E  H  D  E  G  Q  I  X  R  W
I  A  R  I  B  F  T  B  E  R  Q  N  M  E  A
V  S  H  N  X  B  F  A  N  W  H  C  E  O  K
V  F  L  E  C  K  F  D  R  G  O  U  W  S  E
V  S  E  D  R  K  X  L  T  O  S  L  N  L  N
Y  L  L  U  F  E  C  A  E  P  B  P  L  G  S
D  O  R  A  C  L  I  N  G  H  P  A  R  E  S
I  N  V  E  S  T  E  D  A  W  M  T  L  A  M
R  N  G  N  I  M  O  S  N  A  R  E  K  E  D
Y  S  A  L  A  R  Y  K  E  E  P  S  A  K  E
Q  U  E  S  T  I  O  N  N  A  I  R  E  S  H
W  S  N  O  I  T  I  D  N  O  C  E  R  P  Q
```

BADLANDS	ORACLING	RUSHES
COMBINED	OVERHUNG	SALARY
ELABORATE	PEACEFULLY	SERAPH
FLECK	PRECONDITIONS	STEREOS
INCULPATES	QUESTIONNAIRE	TRAVERSES
INVESTED	RAILROADS	WRIER
KEEPSAKE	RANSOMING	
MELLOWED	REAWAKENS	

Assorted Words 9

```
G I N C E S T D E Y E S O M I
L N Z X O N E Y L L A N G I S
U P I O X O O P A Y L O A D S
N V E T A H P I G N I R A O S
C D G L T N F E S C A L I N G
H R E B B U L B R S T F A R G
E G E N W A B E J A E V T J T
O Y T Z O S H X N B T R D G U
N A N P O I I S N I U I P V A
E C D J K O T D A Z E K V E G
T D Q E E J B C K W G N L E D
T R U R R B S M U L A T T O S
E E E X N O L H T A I B S L D
S E S A E L B U S N I X O T Y
U I N H Y D R O T H E R A P Y
```

AUCTIONED	EXUDE	PAYLOADS
BIATHLON	GRAFTS	SCALING
BLUBBER	HYDROTHERAPY	SIGNALLY
BOOZER	INCEST	SOARING
BORED	LENIENTLY	SUBLEASES
BUTTING	LUNCHEONETTES	TOXIN
COOPERATIVES	MOSEYED	WASHABLE
DEPRESSION	MULATTO	

Assorted Words 10

```
S T E A L E G I T I M I Z E S
L O J Y C P U Z Z L E M E N T
X C B B A R O N Y G E R V T H
O B H F T V E R B A L L Y A O
U U S E C I D N I C E X A N L
N T I P H O T O G E N I C G O
D T L B W P Y L G N I R A L G
E E B U O U G N I V L O S E R
R R J J R E M A R K O Y K M A
P F F E D I W I N D E D Z E P
I L H X C P D B U S H M A N H
N Y E L I T I S M U J A A T I
N I R E H A S H E D W T Y I C
E N Y L B A R T E N E P M I N
D G N I T A V I T C A I E E A
```

ACTIVATING
BARON
BUSHMAN
BUTTERFLYING
CATCHWORD
DEJECTS
ELITISM
ENTANGLEMENT

GLARINGLY
HOLOGRAPHIC
IMPENETRABLY
INDICES
LEGITIMIZES
LURID
PHOTOGENIC
PUZZLEMENT

REHASHED
REMARK
RESOLVING
STEAL
UNDERPINNED
VERBALLY
WINDED

Assorted Words 11

```
W  X  S  L  A  M  I  X  A  M  Q  V  R  H  E
L  S  V  C  S  K  R  A  L  W  O  D  A  E  M
S  O  E  Z  A  G  E  E  T  N  E  S  B  A  B
S  G  D  C  N  I  N  S  T  N  E  C  Q  H  R
Z  G  N  G  E  A  S  I  N  R  I  F  I  A  O
S  G  N  I  E  I  M  E  R  X  S  O  X  N  W
J  L  N  I  R  R  P  S  N  E  G  K  P  I  B
N  G  A  I  D  T  S  R  E  M  T  H  S  P  E
E  M  N  M  L  L  S  M  E  N  A  S  P  B  A
U  Q  E  I  I  D  E  T  A  T  I  G  O  C  T
T  Q  N  T  L  N  R  G  R  B  N  L  R  F  I
E  T  P  N  H  I  A  U  H  A  K  E  C  L  N
R  E  I  D  A  E  T  S  C  P  E  I  C  J  G
S  L  E  R  U  T  A  E  F  Y  H  H  V  L  Q
O  L  V  D  E  M  A  G  O  G  U  E  R  Y  M
```

ABSENTEE	CURDLING	MAXIMALS
AMNESIACS	DEMAGOGUERY	MEADOWLARKS
ANIMALS	FEATURE	NEUTERS
APPOINT	FOSTERING	STEADIER
BROWBEATING	GELDINGS	TILING
CENTERPIECES	HEARTSTRINGS	
CENTS	LINESMAN	
COGITATED	LODGERS	

Assorted Words 12

```
J E C N G D T Z R E I K N A L
H N E I S A E U C B N Y Q U Z
E Y A C T E W T M H N I B N P
R A L U G A U K A P U Y H V M
E G R B T N M G S L E T C S O
A D A T U O I O I H U D E E U
F D V N H O M D I T A C L S L
T Z R A A I D A A X A K L A T
E R C O R T E X T V A F I A M
R G Y B J Q O S Q I E A N L C
S G N I R A P M T Y C V G W Y
S U O R T X E D I B M A N A K
I Y U B S E N I M S A J L V Y
H M O P P I N G C T T J B L R
K Q H P K G N I T A L L O C Y
```

AMBIDEXTROUS	CORTEX	LANKIER
ANATOMIST	DOUBLY	MOPPING
AUTOMATICALLY	EARTHIEST	MOULT
AXIOMATIC	EVADING	PARINGS
CALCULATED	FATIGUES	SHAKILY
CELLING	GAWKS	SHINE
CHUTES	HEREAFTER	UMPED
COLLATING	JASMINES	

Assorted Words 13

```
Z  F  E  P  E  X  A  C  T  N  E  S  S  V  F
S  E  G  E  I  S  Y  T  H  I  D  C  W  I  H
U  A  U  T  H  O  R  I  Z  A  T  I  O  N  O
K  Q  G  R  E  H  T  O  B  S  P  B  H  R  R
F  O  U  N  D  E  R  S  L  H  I  P  A  C  S
L  M  O  S  I  D  N  L  L  E  A  V  E  S  E
E  E  E  S  N  L  A  D  E  G  N  I  T  D  R
W  X  V  R  N  A  E  Y  S  M  C  F  D  Y  A
L  R  T  E  C  O  M  E  D  O  W  N  S  S  D
M  I  E  R  H  H  R  U  H  R  Q  E  C  N  I
M  A  K  L  U  S  A  E  H  W  E  Z  C  O  S
U  J  K  I  L  D  I  N  H  W  T  A  L  U  H
Q  R  C  A  N  U  E  D  T  S  P  R  M  G  E
V  S  Z  W  P  G  P  D  R  K  R  J  A  U  S
X  C  S  L  L  E  H  S  E  L  K  C  O  C  L
```

AUTHORIZATION	EXACTNESS	MERCHANT
BOTHER	EXTRUDED	PULLER
CARTWHEELING	FOUNDERS	SIEGES
CHAPPED	HERONS	TINGED
COCKLESHELLS	HORSERADISHES	
COMEDOWNS	HUMANS	
DAYDREAM	LEAVES	
DISHEVEL	LIKING	

Assorted Words 14

```
F U F Z E M B E Z Z L E R S R
L A I R E G A N A M O Z J H W
I C R X R G N I Y E S O M Y A
D A R E D E V I L Y D S R D I
I E S N P I K P L H A B E R M
N U G N I P S W O S L X V O P
T O S G I G O T A Y O T E P L
E X I M O A R R I H L G N O A
R Y T T L W I D L D D U N U
D Z F J N B F S V S L X E I S
I D W C R E A S E D E E S C I
C Z K C A N T A T A S V R F B
T R T S E I K S I R F D A V L
E U R A N I U M B T M P G E Y
D I R R A T I O N A L I T Y M
```

ABSTENTION	FRISKIEST	MOSEYING
CANTATAS	GOSLING	REVENUES
CREASED	HAWKER	SWAINS
DAREDEVIL	HYDROPONIC	URANIUM
DISTILLER	IMPLAUSIBLY	VIRGIN
EAVESDROPPER	INTERDICTED	
EMBEZZLERS	IRRATIONALITY	
FLOGGED	MANAGERIAL	

Assorted Words 15

```
L  P  Z  F  G  Y  A  D  D  I  M  P  S  R  V
I  A  S  G  V  R  C  X  D  A  G  W  O  U  L
M  L  W  H  N  O  S  N  N  Q  L  F  U  F  G
E  S  U  Y  T  I  S  N  E  D  Y  U  R  F  B
L  N  T  F  L  E  L  E  R  I  Z  J  C  I  U
I  L  S  R  M  E  I  L  I  O  N  T  E  A  T
G  E  F  I  I  R  N  T  E  C  C  E  D  N  T
H  R  M  Z  T  G  A  N  H  J  A  A  L  I  E
T  A  J  Z  M  X  V  H  U  G  F  G  D  N  R
I  N  C  I  T  E  M  E  N  T  I  Z  E  G  S
N  Z  G  E  N  T  O  U  R  A  G  E  P  L  O
G  N  C  S  G  N  I  S  I  O  P  D  Y  Z  G
A  Z  C  T  N  O  I  S  I  V  E  R  I  N  S
R  E  D  H  E  A  D  S  H  U  T  T  L  E  Y
N  A  P  E  R  S  E  C  U  T  E  D  P  F  M
```

ACORNS	INCITEMENT	POISING
BUTTERS	JELLING	REDHEAD
DENSITY	JINNI	REVISION
EIGHTIETHS	LEGACIES	RUFFIANING
ENTOURAGE	LENIENCY	SHUTTLE
FRIZZIEST	LIMELIGHTING	SOURCED
GIRTS	MIDDAY	TUNNEL
HARMFUL	PERSECUTED	

Assorted Words 16

```
H  Y  H  I  G  H  B  R  O  W  Q  S  W  E  P
Q  C  V  S  E  I  C  N  E  R  R  U  C  N  O
C  E  S  I  U  M  U  P  G  Z  J  R  O  T  T
N  F  S  E  C  L  U  D  E  D  H  G  N  E  T
E  P  G  N  T  U  O  M  E  Z  E  I  F  R  E
G  L  M  B  O  A  D  V  Q  S  L  N  L  P  R
O  E  B  V  I  I  U  B  W  F  E  G  I  R  I
T  A  S  A  G  A  L  T  U  N  T  R  C  I  N
I  S  Y  T  R  S  K  L  N  R  Q  F  T  S  G
A  I  I  A  A  I  R  F  I  E  L  D  S  E  N
T  N  B  T  E  T  M  E  D  Z  C  A  Y  K  D
I  G  Q  O  E  Y  I  D  P  F  A  C  P  O  S
N  S  V  W  X  D  V  O  A  M  Y  G  A  T  T
G  O  V  E  R  T  U  R  N  S  A  Y  J  Y  D
N  A  K  W  W  G  N  I  B  I  R  C  S  N  I
```

ACCENTUATES	DESERTED	POTTERING
ADMIRABLE	ENTERPRISE	SECLUDED
AIRFIELDS	GAZILLIONS	SITED
BURLAP	HIGHBROW	STATION
CAMPERS	INSCRIBING	SURGING
CESIUM	NEGOTIATING	
CONFLICTS	OVERTURNS	
CURRENCIES	PLEASINGS	

Assorted Words 17

```
S  F  O  K  O  O  G  E  D  E  L  B  B  O  G
S  M  O  S  N  S  G  D  E  R  U  J  R  E  P
D  U  T  U  R  O  E  N  I  A  D  R  O  T  A
D  M  U  F  N  E  C  M  I  U  S  S  L  S  R
E  B  R  L  H  D  D  K  O  H  M  K  V  J  T
S  L  E  U  S  E  E  D  O  S  S  J  Y  T  I
I  E  E  M  F  N  X  R  O  U  O  U  N  C  A
G  R  N  M  Z  W  W  P  E  F  T  W  B  A  L
N  S  V  O  A  R  T  A  L  D  U  S  T  R  I
A  W  V  X  D  H  V  X  P  O  A  Y  A  P  T
T  J  L  U  Y  N  Q  C  K  S  R  R  T  E  Y
E  K  F  T  M  N  O  I  T  A  X  E  N  N  A
S  R  J  G  N  I  K  C  O  L  B  M  R  T  I
I  N  H  I  B  I  T  I  N  G  X  S  O  R  K
G  N  I  R  P  S  D  N  A  H  R  E  M  Y  T
```

ANNEXATION	FODDERS	PARTIALITY
BLOCKING	FOUNDERED	PERJURED
BUSHING	GOBBLEDEGOOK	SPAWNS
CARPENTRY	HANDSPRING	TUREEN
CONDONES	INHIBITING	TWOSOMES
DESIGNATES	KNOCKOUTS	
EXPLORER	MUMBLERS	
FLUMMOX	ORDAIN	

Assorted Words 18

```
B  L  O  G  A  R  I  T  H  M  Q  E  Y  C  L
S  G  R  U  B  B  I  N  E  S  S  O  H  A  R
E  T  F  O  S  L  X  F  C  V  G  T  H  R  H
R  F  A  S  C  E  I  G  S  L  E  E  P  E  R
E  N  C  I  H  H  C  Q  N  Q  U  P  O  G  Y
N  S  O  H  D  A  A  A  U  I  B  D  I  A  K
D  U  M  I  U  E  N  T  L  I  V  Y  I  J  T
I  B  M  O  T  L  R  D  T  P  D  E  B  N  O
P  M  U  Q  G  A  N  E  S  E  S  A  I  B  G
I  I  N  W  R  O  T  A  I  E  R  I  T  R  B
T  S  I  I  E  L  N  I  S  L  T  I  D  E  G
Y  S  C  S  T  S  I  G  G  U  R  D  N  R  O
D  I  A  D  O  Q  S  A  I  O  J  A  C  G  O
M  O  T  O  R  I  Z  E  S  N  C  R  N  R  Q
P  N  E  M  T  V  I  E  P  I  G  B  Q  G  B
```

BIASES	GRIEVING	SERENDIPITY
CHATTERING	GRUBBINESS	SLEEPER
COGITATION	HANDSET	STAIDER
COMMUNICATE	INCLUDING	SUBMISSION
DISPLACES	LIQUIDATE	ULNAS
DRUGGISTS	LOGARITHM	WISDOM
GNARLIER	MOTORIZES	
GONGING	RETORT	

Assorted Words 19

```
L  N  P  G  N  I  R  U  S  A  E  L  P  Y  S
S  E  T  I  S  I  U  Q  R  E  P  O  T  A  M
N  D  H  I  B  E  R  N  A  T  I  N  G  A  V
R  E  V  I  S  S  E  R  P  M  I  D  W  W  Q
E  I  J  B  I  E  E  F  H  V  N  P  D  S  D
C  H  S  A  T  Q  T  A  I  W  C  V  O  U  T
O  A  H  S  A  B  A  R  G  S  R  Z  O  B  M
N  Z  C  T  E  I  E  T  A  L  U  M  R  O  F
S  Q  S  A  M  N  Z  H  J  C  S  A  G  B  H
I  T  F  R  X  O  I  E  G  L  T  Y  K  T  Y
D  F  A  D  E  D  R  R  R  O  E  Q  I  U  T
E  W  J  S  O  S  G  B  E  Y  D  V  L  S  K
R  R  W  J  A  S  N  D  I  E  Z  E  O  E  B
E  I  R  I  A  R  P  E  C  D  H  P  H  N  H
D  S  M  I  T  E  B  S  D  R  D  C  Z  C  J
```

ABASH	HIBERNATING	PLEASURING
BASTARDS	IMPRESSIVE	PRAIRIE
CHEERINESS	INCRUSTED	RECONSIDERED
CLOYED	MORBID	SMITE
DENSER	MUDDIES	
FADED	NOVEL	
FARTHER	OBTUSE	
FORMULATE	PERQUISITE	

Assorted Words 20

```
O  H  A  S  M  R  O  W  C  Z  T  K  D  P  I
K  O  S  B  N  D  E  L  L  E  V  O  H  S  O
T  L  F  E  A  E  D  I  O  R  Y  H  T  Y  V
C  O  A  C  R  N  A  S  G  S  Z  T  O  C  E
C  C  S  W  O  M  D  K  G  G  C  R  F  H  R
J  A  V  L  B  U  O  O  I  M  L  I  F  O  C
J  U  N  D  E  A  N  N  N  P  C  E  T  O
S  S  J  A  E  P  R  T  G  M  G  U  E  H  N
H  T  F  U  L  N  R  O  R  Y  E  L  Y  E  F
Q  J  U  F  B  F  U  A  M  Y  N  N  U  R  I
P  P  S  M  B  E  A  M  C  E  W  K  T  A  D
C  R  E  C  C  O  S  V  M  Q  T  O  E  P  E
N  A  G  I  M  R  A  T  P  O  K  E  M  Y  N
Z  H  O  B  N  O  B  B  E  D  C  U  R  E  T
E  N  T  E  R  T  A  I  N  E  D  G  T  E  N
```

ABANDONMENT	HOBNOBBED	SNEAKING
BAROMETER	HOLOCAUST	SOCCER
CANAL	JUJUBES	THYROID
CARPELS	OVERCONFIDENT	TOFFEE
CLOGGING	PSYCHOTHERAPY	WORMS
COMMUNED	PTARMIGAN	
COUNTRYWOMEN	SERMON	
ENTERTAINED	SHOVELLED	

Assorted Words 21

```
M  I  L  K  I  E  S  T  C  O  M  D  V  C  S
T  E  G  X  Y  R  A  V  O  A  O  I  P  O  G
S  R  E  N  W  O  D  L  M  T  I  S  G  M  E
S  E  V  E  I  L  E  B  M  M  E  F  B  P  N
M  M  N  I  Q  W  Y  C  O  E  T  R  C  A  E
A  B  E  I  N  U  O  A  N  A  I  A  O  S  R
D  A  E  N  M  T  A  R  E  L  E  N  U  S  A
H  R  A  T  R  A  E  M  R  A  S  C  N  I  L
O  R  Y  S  A  A  T  R  S  O  M  H  T  O  I
U  A  E  L  Y  T  P  E  N  A  B  I  E  N  Z
S  S  G  I  T  L  I  T  H  E  M  S  R  A  I
E  S  Z  M  N  R  U  B  U  P  E  E  S  T  N
S  E  U  F  E  A  U  M  A  R  M  S  I  E  G
T  D  J  C  P  S  Z  O  S  H  E  A  G  R  P
N  D  C  O  N  F  I  S  C  A  T  I  N  G  Z
```

AMPHETAMINES	COURTLY	MADHOUSES
ASYLUMS	DISFRANCHISES	MILKIEST
BELIEVES	DOWNER	MOIETIES
BORROWING	EMBARRASSED	OATMEAL
COMMONERS	ENRAPTURE	OVARY
COMPASSIONATE	GENERALIZING	ZANIER
CONFISCATING	HABITAT	
COUNTERSIGN	INTERNEES	

Assorted Words 22

```
C U F L A G E L L U M S N J Z
B O O T B L A C K S J X L Q M
G Q Z S V I D E O E D R R H M
S N M C O P Y C A T T I N G A
N E I S R D S B B C L H M R T
A S R B S U A E G P M E E A R
P W F O M E P C A E J D S V I
P D Z F T O T S O M C G H E C
I R E M O S C A K V I T E S U
E V E S A T G Y V R A E D T L
S H N B S L S U R I A O R O A
T F A Q B U A A R R T L G N T
X T P K I U O I C D U C W E I
Q U E N C H R M S L B C A B N
D B D E R I U Q N E C B S Q G
```

ACTIVATES	ENQUIRED	QUENCH
AMIDS	FLAGELLUM	RUBBER
AVOCADOS	GRAVESTONE	SEAMIER
BOOTBLACKS	LARKSPUR	SNAPPIEST
CASTOFF	MALAISE	VIDEOED
COPYCATTING	MATRICULATING	
CURRYCOMBING	MESHED	
DRUGSTORES	MOUSSED	

Assorted Words 23

```
S  V  G  N  I  H  S  I  R  U  O  L  F  V  D
Z  T  G  N  D  A  I  N  T  I  E  R  W  Y  Z
H  M  N  N  I  U  S  E  K  O  M  S  B  T  E
Y  S  G  E  I  L  G  T  J  D  Y  K  R  U  I
P  L  T  F  M  Y  I  L  R  R  L  I  I  X  H
H  U  D  E  O  D  V  A  I  A  H  E  L  P  S
E  C  D  I  C  A  N  V  T  S  K  V  L  I  O
N  K  V  U  R  N  S  A  I  R  T  H  I  W  L
E  Y  S  R  E  O  A  S  M  D  U  E  A  L  I
D  E  O  C  V  T  L  L  E  M  E  C  N  N  G
C  J  R  C  F  H  S  F  K  T  O  D  T  S  A
A  U  B  B  L  E  E  P  Y  J  S  C  L  U  R
U  J  E  Z  I  R  O  G  E  T  A  C  Y  L  C
Y  G  T  O  I  N  T  U  I  T  I  O  N  H  H
O  C  C  L  U  S  I  O  N  S  L  L  L  E  S
```

ANOTHER	DAINTIER	INTUITION
ASSETS	DIVVYING	LANCETS
ASTRAKHAN	DUETS	LUCKY
BLEEP	FLORID	OCCLUSIONS
BRILLIANTLY	FLOURISHING	OLIGARCHS
CATEGORIZE	GLISTENS	SMOKES
COMMANDMENTS	HELPS	SORBET
CURTAILING	HYPHENED	

Assorted Words 24

L B L A T I B R A B O N E H P
U I B V S R E S I H C N A R F
K T U M L O P I L L O R I E S
L T N E S R A O C W N C U A O
A E T A P R A G M A T I S T R
G R S J L H A M S T R I N G S
T N D E T L U P A T A C W W R
N S I O S I E Q G U V W D R E
V A K G X S H P E P E E F I F
B V S S A X E P P T N D L G U
F M S A A R E N P A E A N G S
L Y Q M L C O G E E S H H L I
R K T W O I K F V M Q R T Y N
I U P D D O Z M A D A M P S G
Q P U R E B R E D S A L N L E

APPELLANT	FORAGING	PILLORIES
BITTERNS	FRANCHISERS	PRAGMATIST
BUNTS	HAMSTRINGS	PUREBREDS
CASKS	LAMENESS	REFUSING
CATAPULTED	MADAM	ROOMS
COARSEN	NASALIZE	WRIGGLY
CONTRAVENES	PAEAN	
ESTHETE	PHENOBARBITAL	

Assorted Words 25

```
Y  U  V  Q  Z  S  A  D  E  L  L  E  H  S  E
V  N  I  E  G  Q  N  I  C  M  A  Z  H  C  J
J  R  S  W  L  N  Y  E  N  D  L  U  U  J  H
F  E  D  N  K  B  I  A  E  A  E  T  U  K  C
S  P  T  K  O  Y  A  T  J  T  M  P  Y  C  W
M  E  V  X  J  I  D  C  P  N  F  O  M  P  O
S  A  S  G  K  L  R  L  I  U  I  I  R  I  Q
M  T  S  R  N  E  A  A  M  L  R  P  F  Y  P
O  A  S  K  E  I  Y  I  L  A  P  K  O  X  P
U  B  S  I  C  K  D  S  R  C  G  P  N  P  B
L  L  X  T  T  A  O  A  T  E  S  L  A  A  Y
D  E  P  M  O  F  J  M  F  O  T  G  A  N  B
E  C  O  B  B  L  E  R  S  I  N  R  Q  M  I
R  S  N  I  M  H  F  L  A  I  M  E  A  N  A
C  V  W  B  A  E  C  I  T  C  A  R  P  F  V
```

AMALGAM	FIFTEENS	PYROMANIA
ANAEMIA	FLOTSAM	SHELLED
ARTERIAL	INAPPLICABLE	SMOKERS
BANKRUPTING	KEYSTONE	SMOULDER
CARJACKS	LEFTISTS	UNREPEATABLE
CLARIONS	PIMPED	
COBBLERS	POPINJAY	
FADING	PRACTICE	

Assorted Words 26

```
R  S  L  I  E  U  T  E  N  A  N  C  Y  H  J
R  E  K  I  N  O  M  I  S  C  R  E  A  N  T
M  L  D  P  L  K  D  E  D  E  P  M  A  T  S
T  S  Y  N  E  V  I  S  S  E  R  P  E  D  V
P  O  F  J  E  P  O  F  P  V  D  A  H  Q  P
U  N  F  E  S  M  N  O  N  V  E  R  B  A  L
Y  K  Y  F  S  G  N  I  T  A  O  C  E  C  S
V  A  I  L  A  T  I  N  E  G  V  A  O  H  C
D  E  T  A  U  D  A  R  G  A  A  H  G  O  O
M  E  P  C  E  W  A  L  G  S  M  O  I  E  O
O  R  I  A  X  X  P  C  R  R  G  O  S  S  T
Z  S  S  P  S  T  A  R  T  E  D  T  N  M  E
T  M  W  E  E  K  T  H  G  U  O  S  E  B  R
O  M  H  S  A  N  N  A  D  N  A  B  I  O  S
S  C  H  L  E  P  P  D  A  N  K  L  Y  W  U
```

ACTUAL	FESTAL	NONVERBAL
BANDANNAS	GENITALIA	SCHLEPP
BESOUGHT	GRADUATED	SCOOTERS
CAHOOTS	HERDED	STAMPEDED
CAPES	LIEUTENANCY	STARTED
COATINGS	MENDER	
DANKLY	MISCREANT	
DEPRESSIVE	MONIKER	

Assorted Words 27

```
B N E N O I T S E G I D N I B
S R E M A E R D Y A D I C E W
C P P S C L P C Y U Z L O I F
O Q L B E D E V I L L I N G O
P W I A S S F R O S W M T S R
I Y R N Y E U E T W P B R L M
N S F S D G X P L S D O I I E
G U V E P U O Y R T E E V P D
I F U E R O C E P O I D I P Z
J X J V I A O T R E C N N E D
U J N L Z L R P E S I U G D X
C A L L E H S N P D I A B H A
E X T G D Z S T S I M A G I B
R Y E S N O I T A G E L E D N
E E T A P E R I P H E R I E S
```

ALERTS	FORMED	PRIZED
BEDEVILLING	GUISE	PYXES
BIGAMISTS	INDIGESTION	RAREFY
CONTRIVING	INDUCTED	SCOPING
CORPUSES	LIMBOED	SHELLAC
DAYDREAMERS	PERIPHERIES	SLIPPED
DELEGATIONS	PLAYGOERS	
FELTING	POOPS	

Assorted Words 28

```
J  M  R  U  G  M  T  N  E  M  R  E  T  N  I
S  L  O  L  A  U  T  C  E  L  L  E  T  N  I
R  N  J  F  D  H  A  R  D  L  I  N  E  R  S
G  O  D  M  O  T  H  E  R  P  Y  Q  N  B  J
I  M  J  S  L  D  E  S  U  B  A  G  A  V  E
N  I  W  T  E  B  U  R  G  L  A  R  I  Z  E
F  N  D  N  E  T  X  E  T  O  K  I  N  G  T
I  A  G  B  B  N  A  W  O  C  I  P  U  S  G
E  L  S  L  Y  Q  W  L  H  K  D  L  A  H  O
L  G  N  I  B  B  O  M  U  S  L  A  C  E  D
D  N  I  L  B  R  O  L  O  C  E  Q  G  F  G
D  I  O  G  G  N  I  S  S  E  R  T  T  U  B
E  K  H  R  Z  K  D  E  L  U  D  I  N  G  F
M  C  H  A  T  T  E  R  E  R  T  P  C  G  N
M  S  A  C  I  N  O  M  R  A  H  Z  L  W  J
```

ABUSE	DECALS	INTERMENT
AGAVE	DELUDING	MOBBING
BLOCKS	EXTEND	NOMINAL
BURGLARIZE	GODMOTHER	TOKING
BUTTRESSING	HARDLINERS	
CHATTERER	HARMONICAS	
CIRCULATES	INFIELD	
COLORBLIND	INTELLECTUAL	

Assorted Words 29

```
W  B  U  O  U  T  E  R  S  P  I  K  I  E  R
T  C  A  H  E  A  R  T  B  U  R  N  N  N  I  M
Y  R  M  T  D  K  I  G  R  A  P  H  I  C  S
I  D  E  R  E  D  N  U  O  F  B  T  P  P  H
S  N  E  I  O  Y  P  A  N  A  N  H  A  E  O
T  G  C  T  P  F  L  A  C  C  L  I  R  M  W
A  E  I  O  R  M  O  B  G  O  B  I  S  P  O
M  P  Z  L  R  O  U  R  M  A  L  G  E  L  F
P  E  I  S  G  P  R  O  U  N  Y  C  O  F
E  R  R  N  D  A  O  M  G  L  R  A  T  Y  S
D  M  C  I  X  N  E  R  I  T  H  C  F  E  I
I  U  O  D  B  D  E  T  A  R  U  C  Z  S  Q
N  T  N  F  U  Z  K  T  S  T  R  E  P  Z  U
G  E  S  O  D  P  L  U  N  G  E  R  J  P  A
S  H  O  W  I  N  E  S  S  I  Z  S  U  Q  L
```

ACOLYTE	GRUMPIER	PERMUTE
CHLOROFORM	HEARTBURN	PLUNGER
CRUMBLY	IMPORTED	SHOWINESS
CURATED	INCORPORATES	SHOWOFFS
EMPLOYES	INTENDS	SPIKIER
FOUNDERED	OUTERS	STAMPEDING
GOALIE	PAGAN	STREP
GRAPHICS	PARSEC	ZIRCONS

Assorted Words 30

```
J  H  F  Q  Y  I  N  D  O  R  S  I  N  G  I
M  D  K  H  Y  L  E  V  I  S  L  U  P  M  I
E  S  E  H  I  L  E  C  U  T  T  E  L  C  H
R  P  A  L  X  P  S  Y  L  E  T  U  N  I  M
I  O  C  N  L  W  P  U  S  N  G  I  S  E  R
T  P  L  L  I  E  B  O  O  F  T  M  H  F  J
O  U  R  L  I  R  R  D  P  E  Y  R  E  T  W
R  L  N  V  R  N  A  R  E  O  T  A  L  K  H
I  A  O  H  V  G  M  A  I  T  U  L  F  D
O  R  N  H  A  D  G  I  D  U  D  A  A  O  V
U  L  T  N  P  F  E  R  E  P  Q  O  M  E  O
S  Y  O  W  B  A  D  O  H  R  C  H  O  U  B
Q  D  X  C  H  A  R  W  O  M  A  N  N  L  S
G  N  I  C  K  I  N  G  M  B  A  A  Z  A  B
J  Y  C  Y  L  D  E  D  A  E  H  D  R  A  H
```

BEAUTEOUSLY	HIPPOPOTAMUS	NONTOXIC
BLOODIED	IMPULSIVELY	POPULARLY
BOOED	INDORSING	QUARRELLED
BRAGGED	LETTUCE	RESIGNS
CHARWOMAN	MARINAS	SHELL
CLINGIER	MERITORIOUS	
GRAPH	MINUTELY	
HARDHEADEDLY	NICKING	

Assorted Words 31

```
E  D  W  S  E  S  O  N  G  A  I  D  S  I  M
V  S  E  S  U  O  L  S  R  E  G  N  I  W  S
A  X  B  N  E  G  O  T  I  A  T  O  R  T  S
H  H  N  D  U  M  B  F  O  U  N  D  R  E  T
C  A  U  R  E  T  I  A  G  U  D  O  T  X  E
Z  U  T  M  E  P  T  S  E  T  T  E  W  T  A
Z  N  T  S  A  J  O  A  T  E  V  V  U  U  D
V  I  O  L  I  S  T  B  Y  E  F  E  K  A  F
W  E  B  C  A  V  H  I  V  N  S  N  F  L  A
E  G  H  D  I  S  S  I  D  E  N  T  O  L  S
F  A  I  R  I  E  S  M  N  V  F  I  U  Y  T
Y  E  K  N  R  U  T  P  F  G  Y  D  F  O  L
N  S  C  H  U  S  S  E  S  B  L  E  T  D  Y
B  T  E  L  P  U  R  D  A  U  Q  E  X  G  R
A  M  W  Z  O  R  D  E  R  E  D  J  F  L  B
```

ATTUNED	IMPEDE	SCHUSSES
CUTLASS	LOUSES	STEADFASTLY
DISSIDENT	MASHING	SWINGERS
DUMBFOUND	MISDIAGNOSES	TEXTUALLY
EVENTIDE	NEGOTIATOR	TURNKEY
FAIRIES	ORDERED	VIOLIST
FINNY	OUTSETS	VISTA
GAITER	QUADRUPLET	WETTEST

Assorted Words 32

```
L  I  V  E  A  B  L  E  C  T  R  Y  S  T  S
A  N  P  D  E  R  O  V  A  F  S  I  D  H  G
M  T  Y  C  P  M  O  O  N  L  I  T  N  H  I
V  S  S  A  S  Q  Z  G  N  I  K  C  U  M  N
L  U  F  S  P  U  C  P  O  M  M  E  L  S  C
P  R  G  C  G  R  M  H  N  A  C  E  P  E  O
H  E  I  A  N  N  E  X  A  T  I  O  N  M  M
O  H  S  D  W  Z  I  G  D  J  G  H  H  O  P
N  I  A  E  H  J  H  M  E  Y  T  O  H  O  A
I  R  M  S  G  O  A  Z  M  G  K  F  Q  R  T
C  E  B  A  Q  A  M  N  R  U  O  P  D  L  I
S  D  A  W  O  Z  G  E  X  Q  R  N  F  A  B
D  E  R  O  S  N  O  P  S  O  C  D  A  N  L
Y  L  L  A  C  I  T  S  I  T  O  G  E  D  Y
T  T  S  E  I  P  M  U  R  G  D  O  Y  Q  S
```

ANNEXATION	GAGES	MUCKING
CANNONADE	GONADS	PECAN
CASCADES	GRUMPIEST	PHONICS
COSPONSORED	HOMES	POMMELS
CUPSFUL	INCOMPATIBLY	REHIRED
DISFAVORED	LIVEABLE	SAMBA
DRUMMING	MOONLIT	TRYSTS
EGOTISTICALLY	MOORLAND	

Assorted Words 33

```
G  L  A  Z  E  S  E  G  A  R  A  P  S  I  D
E  J  Y  E  Y  L  L  I  D  I  I  M  X  I  G
E  C  F  D  P  E  R  F  I  D  I  O  U  S  F
F  K  O  Q  O  W  S  H  T  H  G  I  E  Y  I
P  L  E  M  M  B  S  H  A  L  L  O  T  S  E
H  A  U  C  U  U  M  E  L  A  N  I  N  M  S
O  G  N  I  T  A  G  E  R  G  E  S  E  D  N
N  O  K  J  Z  I  J  A  Y  W  A  L  K  S  U
O  G  N  C  A  R  B  U  N  C  L  E  S  M  D
G  Y  R  O  S  C  O  P  E  S  O  R  T  N  I
R  U  S  A  L  L  E  V  O  N  S  S  L  A  S
A  B  P  D  A  E  R  P  S  T  U  O  H  V  M
P  S  E  O  T  A  M  O  T  E  L  G  G  I  W
H  B  S  C  O  C  K  S  C  O  M  B  S  C  D
S  L  K  G  Y  T  I  L  I  B  A  R  U  D  R
```

CARBUNCLES	GLAZES	OUTSPREAD
COCKSCOMB	GYROSCOPES	PERFIDIOUS
DESEGREGATING	INTROS	PHONOGRAPHS
DILLY	JAYWALKS	SHALLOTS
DISPARAGES	MELANIN	TOMATOES
DURABILITY	MELON	WIGGLE
EIGHTHS	NOVELLAS	
EMBODY	NUDISM	

Assorted Words 34

```
V  L  V  P  L  T  S  E  C  A  L  U  P  O  P
N  H  R  S  A  D  P  E  R  S  O  N  A  G  E
E  I  C  Y  E  C  U  I  T  U  V  L  U  M  I
T  T  Y  A  X  V  I  O  N  A  M  K  C  M  N
W  C  S  T  T  D  S  F  B  E  U  H  Y  I  T
O  H  C  C  R  O  P  P  I  N  G  Q  L  S  E
R  H  R  O  E  I  T  M  A  E  Z  H  E  M  R
K  I  U  N  M  M  D  N  J  H  S  F  M  A  R
S  K  B  G  E  M  I  M  P  L  I  C  A  T  E
A  E  B  R  S  D  E  P  O  S  I  N  G  C  L
L  D  E  U  C  O  N  N  O  T  I  N  G  H  A
A  L  R  E  R  G  J  B  C  K  M  I  D  E  T
M  C  S  N  S  P  U  N  K  E  D  G  D  D  I
I  K  S  T  R  O  P  P  A  R  D  T  K  N  O
S  V  Y  L  Y  A  M  B  I  T  I  O  U  S  N
```

AMBITIOUS	EXTREMES	POPULACE
COMMENCED	HITCHHIKED	RAPPORTS
CONGRUENT	IMPLICATE	SALAMIS
CONNOTING	INTERRELATION	SCRUBBERS
CROPPING	MISMATCHED	SPUNKED
DEPOSING	NETWORKS	
DIRTY	PACIFIES	
EQUATES	PERSONAGE	

Assorted Words 35

```
W  J  E  V  I  S  S  I  M  R  E  P  T  V  T
S  H  Y  L  M  E  S  R  A  P  L  Q  W  F  M
S  T  F  F  G  N  I  T  A  I  D  U  P  E  R
R  T  E  X  C  G  G  N  S  B  E  M  U  S  E
Y  S  O  K  O  C  N  D  I  U  Y  H  A  B  N
D  T  I  P  N  R  G  I  E  K  R  C  T  Q  A
S  E  T  P  S  A  R  N  T  L  S  T  C  W  C
U  P  L  A  C  V  L  N  I  C  S  T  N  W  T
G  S  S  Z  R  A  T  B  E  O  E  S  A  I  I
A  O  U  Y  I  T  Q  S  W  O  T  L  A  O  N
R  N  N  Q  P  T  L  U  I  V  N  O  E  H  G
C  S  N  Z  T  E  P  U  L  L  R  A  H  D  X
A  T  I  B  I  D  L  C  X  V  U  V  T  P  D
N  V  E  D  O  N  I  M  P  E  A  C  H  E  S
E  Z  R  G  N  I  S  R  U  C  V  J  O  Y  J
```

BEMUSE	GOATSKIN	PHOTOING
BLANKETS	HASSLE	RATTY
CONSCRIPTION	IMPEACHES	REPUDIATING
CRAVATTED	INTRUSTS	STEPSONS
CURSING	NEONATE	STOPS
ELECTING	OCULIST	SUGARCANE
ENACTING	PARSE	SUNNIER
EXULT	PERMISSIVE	

Assorted Words 36

```
J  P  K  D  G  O  R  I  G  I  N  A  L  L  Y
O  P  C  H  E  M  O  T  H  E  R  A  P  Y  S
W  D  D  S  Y  T  R  T  A  N  G  Y  I  F  A
W  I  D  E  N  L  A  P  S  X  T  D  M  K  V
R  F  Y  E  H  O  E  R  A  E  W  F  P  B  A
E  F  K  R  H  C  I  V  O  P  T  X  A  L  G
S  E  B  I  L  S  N  T  I  M  A  R  L  D  E
T  R  K  E  A  A  I  E  A  S  E  C  A  Y  L
L  E  E  E  S  S  V  N  L  C  O  M  I  M  Y
E  N  T  H  R  I  N  I  A  B  O  L  M  E  S
S  T  D  X  C  A  W  O  H  B  O  V  P  O  S
S  I  N  Y  W  T  I  E  B  C  F  C  N  X  C
L  A  L  V  U  Z  U  V  D  T  X  B  S  O  E
Y  T  S  R  V  X  D  B  A  I  I  Z  B  R  C
W  E  P  U  L  S  A  R  T  C  S  S  Q  E  C
```

BANISHED	CONVOCATIONS	SAVAGELY
BLENCHED	DIFFERENTIATE	SIDEWISE
BONSAI	EXPLOSIVELY	SMARTEST
BUTCHERS	IMPALA	TANGY
CAVIARE	ORIGINALLY	
CHEMOTHERAPY	PAPACIES	
CHIVALRY	PULSAR	
COMMEMORATED	RESTLESSLY	

Assorted Words 37

```
V  S  H  U  T  T  I  N  G  U  N  B  O  A  T
Z  C  E  T  A  R  A  L  I  H  X  E  G  B  S
A  G  N  I  L  G  N  A  T  N  E  S  I  D  P
T  N  H  M  J  O  C  O  N  D  E  N  S  E  R
T  F  C  D  D  R  E  H  T  O  O  S  D  C  N
R  C  S  H  B  E  F  R  O  S  T  E  R  E  D
I  Z  N  S  O  S  I  F  Z  R  B  T  D  V  C
B  Z  O  Q  T  R  R  F  V  E  U  S  N  D  F
U  N  B  T  T  I  W  E  I  S  L  S  L  B  A
T  I  B  L  L  W  N  O  K  L  L  A  E  R  N
I  M  Y  M  E  M  J  K  M  C  P  D  U  D  C
V  A  T  M  D  Y  L  E  E  A  E  M  D  B  I
E  N  T  R  Y  W  A  Y  E  R  N  H  E  B  L
F  G  M  G  N  I  S  I  R  P  M  O  C  X  Y
Q  O  H  B  T  L  L  E  B  E  U  L  B  L  E
```

ANCHORWOMAN	CONDENSER	ROSTERED
ATTRIBUTIVE	DISENTANGLING	SHUTTING
BLUEBELL	ENTRYWAY	SNOBBY
BOTTLED	EXEMPLIFIED	SOOTHER
BULLPEN	EXHILARATE	STINKER
CHECKERS	FANCILY	
CHORUSED	GUNBOAT	
COMPRISING	MANGO	

Assorted Words 38

```
V  C  O  N  V  A  L  E  S  C  I  N  G  B  H
B  S  F  I  E  N  D  I  S  H  U  I  I  A  V
B  R  E  A  D  W  I  N  N  E  R  S  C  B  Z
X  O  A  S  Y  R  J  L  C  I  Q  R  O  Y  I
U  E  S  S  I  L  G  N  I  H  S  I  N  I  F
V  H  S  S  S  R  T  R  E  T  E  I  D  S  P
T  A  A  O  Q  E  O  N  Y  T  D  J  E  H  E
G  N  I  T  I  K  D  T  A  E  J  F  M  A  R
T  C  L  M  E  G  F  M  I  T  E  J  N  J  S
B  E  M  U  S  I  N  G  E  L  S  S  A  G  E
C  S  R  I  A  P  M  I  M  P  C  N  T  U  V
K  T  E  X  A  C  E  R  B  A  T  E  O  X  E
F  R  C  X  K  A  Y  A  K  I  N  G  R  C  R
H  A  S  S  L  E  D  T  Y  Z  O  U  Y  N  E
D  L  G  N  I  T  A  C  O  V  I  U  Q  E  D
```

ANCESTRAL	CONSTANTLY	IMPAIRS
ASSAIL	CONVALESCING	KAYAKING
BABYISH	DIETER	PERSEVERED
BEMUSING	EQUIVOCATING	
BRASSED	EXACERBATE	
BREADWINNERS	FIENDISH	
CLITORISES	FINISHING	
CONDEMNATORY	HASSLED	

Assorted Words 39

```
J T D N Y M P H O M A N I A C
R L J E T O T D N A L R E V O
U E V I T A N O N M E M B E R
N H O L C A Y T I N R E T A P
D O Z W E O R G N I L S U O T
T B N S S T N E M E L P M O C
C A D S T V S D D S N R O H T
Z A I M T S C A U O Y T F D H
Q T B L U O I E B C M Z L P R
J R Y M O T P H T O E J I O E
P A R T E R I F C A O S R N S
P N L T F Y E N E O C N T T H
E C O P I I C D G P S E S O O
G E B Y S D F Y D J Z A A O L
W S K E Y S T R O K E S M N D
```

BASTE	KEYSTROKES	OVERLAND
BOONS	MASOCHISTS	PATERNITY
CETACEAN	MODERATED	PONTOON
COMPLEMENTS	MUTING	TAILORED
CONDUCES	NATIVE	THORNS
FIFTY	NONMEMBER	THRESHOLD
FIRETRAP	NONSTOP	TOUSLING
FLIRTS	NYMPHOMANIAC	TRANCES

Assorted Words 40

```
M  P  X  I  N  H  A  L  A  T  O  R  S  V  A
A  G  I  S  E  L  B  I  O  F  K  I  D  T  W
R  A  Y  H  J  O  W  B  I  N  I  M  R  E  T
S  G  A  G  S  E  T  A  N  I  D  R  O  O  C
H  G  N  A  N  R  O  Y  R  R  P  X  I  T  U
A  L  K  I  L  G  O  E  M  B  M  X  N  B  T
L  E  U  X  H  C  U  S  T  O  D  I  A  N  I
L  S  B  H  Y  S  E  C  N  E  T  N  E  S  C
I  F  G  P  F  G  I  T  S  E  K  E  E  M  L
N  B  M  H  V  A  R  D  V  E  C  Y  F  N  E
G  R  Z  Z  W  T  S  E  I  L  H  S  E  L  F
W  A  K  E  N  S  R  O  L  E  S  N  U  O  C
F  I  N  G  E  R  N  A  I  L  M  W  U  T  P
V  F  N  E  F  E  L  B  A  T  A  B  E  D  X
T  P  O  I  N  C  L  O  S  I  N  G  C  L  T
```

ALLERGY	DISHING	MEEKEST
BRAWL	FINGERNAIL	SENTENCE
CENSORSHIP	FLESHLIEST	TERMINI
COORDINATE	FOIBLES	WAKENS
COUNSELOR	GAGGLES	
CUSTODIAN	INCLOSING	
CUTICLE	INHALATORS	
DEBATABLE	MARSHALLING	

Assorted Words 41

```
L W A I S T E D L A B E I P R
M I G Y R E G G U D L U K S R
E Q C N T U D U P A U S E S E
T U D E I P I F C A N D O R V
A O R I N N O Z D L D F I K E
S T A U S T I P T E E I U A R
T I W N L C I A A O R F U H B
A E L F I Z O A R Q B O Q C E
S N E W P Q A L T T U R D K R
I T D I S Y E Y O E S I U A A
Z S L L A T S A C R S N N T T
I B Q V G L I M P S E D O G E
N E T Z B G C O M E S D E C S
G C O R R U G A T I O N K D A
J Z Q Y L S U O U C O N N I L
```

ADORED	GLIMPSED	REVERBERATES
BLUNDERBUSSES	INNOCUOUSLY	SKULDUGGERY
CANDOR	LICENTIATE	SLIPS
COMES	METASTASIZING	STALLS
CONSTRAINING	OPAQUING	TURBOT
CORRUGATION	PAUSES	WAISTED
DISCOLORED	PIEBALD	
DRAWLED	QUOTIENTS	

Assorted Words 42

```
V  A  L  O  R  M  A  T  Z  O  T  H  P  A  R
Y  M  S  T  E  A  K  S  T  N  I  O  P  Q  E
P  A  R  T  I  C  I  P  L  E  N  V  Y  R  G
E  G  N  I  Z  E  E  R  F  J  S  S  B  C  I
Y  L  L  A  C  I  N  E  M  U  C  E  F  I  S
S  X  G  D  S  F  G  E  R  A  S  P  S  F  T
O  P  S  N  E  E  D  M  R  O  R  Q  A  I  E
R  S  A  M  A  T  T  E  N  V  L  R  O  H  R
P  D  E  N  U  T  O  A  C  G  A  K  O  U  E
H  V  A  C  I  R  C  N  U  I  I  T  L  W  D
A  Q  V  R  N  E  B  E  T  T  V  K  I  O  S
N  S  B  S  K  A  L  E  R  O  C  E  Z  N  F
E  N  K  S  E  E  D  U  R  C  O  N  R  J  G
D  O  N  G  O  I  N  G  S  E  L  F  U  C  D
T  I  F  L  U  N  K  S  J  Y  C  B  N  P  W
```

CEREBRUMS	FOLKLORE	POINT
CREVICE	FOOTNOTED	PUNCTUATES
CRUDE	FREEZING	RECTANGLE
DANCES	MARROWS	REGISTERED
DARKENS	MATZOTH	RISES
ECUMENICALLY	ONGOINGS	SPANIEL
ENERVATING	ORPHANED	STEAK
FLUNKS	PARTICIPLE	VALOR

Assorted Words 43

```
P J M M A J O R S Y F F I P S
N E J D E T A C I R B U L C F
O M O U R N F U L L E R E L Q
S F O R G A T H E R E D J R S
T R M S E K I L A K O O L S E
R I O N C B P O L L U T E S X
I V H T A O M K C S I U W Y P
L E Y O S D B U L P I F C B A
S T T F T A F L D E N S E R T
B I O I I M C T O X P V A R R
T N O Z G R O Y G O L O I B I
I G T Z A T A S F Q M K J N A
K V E E T L X L S F Y I Z A T
B V D S E N E P C I B F N J E
P V I S S I C R A N L K X G D
```

BASIS	EXPATRIATED	MOURNFULLER
BIOLOGY	FIZZES	NARCISSI
BLOOMING	FORGATHERED	NOSTRILS
CASTIGATES	LIFER	PENES
CASTOR	LISSOM	POLLUTES
CLARIFY	LOOKALIKES	RIVETING
DENSER	LUBRICATED	SPIFFY
DUMBER	MAJORS	TOOTED

Assorted Words 44

```
I  R  R  E  S  I  S  T  I  B  L  E  V  H  A
F  T  H  Q  H  N  X  T  R  U  I  N  E  D  O
O  G  C  S  T  A  O  K  N  D  R  X  U  F  W
R  G  R  E  B  G  N  I  D  A  E  B  H  J  N
E  M  N  A  F  R  O  D  T  Z  R  L  W  U  E
W  R  V  I  P  R  O  N  O  A  B  T  L  M  R
A  C  E  C  Z  E  E  A  E  U  V  Z  N  U  S
R  M  H  P  I  I  V  P  D  R  T  I  S  E  B
N  U  P  I  L  T  M  I  M  S  E  S  T  E  Y
I  W  M  A  C  A  R  O  N  I  I  C  U  C  M
N  Z  G  Q  Z  K  C  I  T  E  A  D  K  R  A
G  T  Q  C  M  A  W  S  C  S  S  N  E  O  O
Z  N  D  H  E  A  L  E  D  F  U  C  Y  S  N
S  E  S  I  C  E  R  P  E  B  A  C  P  X  H
D  E  N  E  T  S  I  O  M  D  B  Z  B  L  L
```

ACTIVATION	FOREWARNING	OWNERS
BEADING	GONER	PLAZA
BROADSIDES	GRAPEVINES	PRECISES
BULLED	HANDOUTS	RECKON
CHICKWEED	HEALED	RUINED
CITRIC	IMPERFECT	SCALPER
CUSTOMIZING	IRRESISTIBLE	
ENTRANTS	MOISTENED	

Assorted Words 45

```
P  D  M  B  D  E  D  O  M  M  O  C  S  I  D
F  B  D  E  F  E  A  T  I  S  T  S  X  N  L
L  L  I  E  L  B  K  C  P  A  E  S  A  I  A
O  M  R  R  Z  G  N  I  N  I  L  T  U  O  T
W  V  T  M  C  I  S  S  L  F  P  J  L  T  I
E  I  G  H  T  H  L  E  O  D  D  R  T  Q  T
R  E  G  N  I  S  O  A  U  H  O  F  G  T  U
B  D  E  V  O  O  R  G  T  G  C  G  A  I  D
E  S  S  J  D  Z  D  E  D  U  I  N  B  S  E
D  F  B  A  F  F  I  I  N  R  T  O  U  S
S  Q  Y  C  U  E  N  O  D  N  A  B  A  H  X
F  P  K  K  F  T  L  J  M  L  W  Y  V  F  P
O  T  X  E  K  I  Y  T  Y  D  U  O  L  C  A
K  U  S  T  N  U  P  A  S  L  E  P  R  A  C
F  K  Z  S  E  K  O  R  T  S  Y  E  K  B  P
```

ABANDON	EIGHTH	KEYSTROKES
BIRCH	FATIGUES	LATITUDES
BROWNIER	FELTS	OUTLINING
BRUTALIZED	FLOWERBEDS	PUNTS
CARPELS	GODLIKE	SINGER
CLOUDY	GROOVED	
DEFEATISTS	HONCHOS	
DISCOMMODED	JACKETS	

Assorted Words 46

```
K  E  D  O  N  C  O  M  I  N  G  L  K  E  R
D  Z  G  N  I  R  A  D  N  E  L  A  C  S  A
E  R  E  L  B  B  I  R  C  S  J  W  H  U  G
X  L  O  U  S  I  N  G  O  S  J  Q  A  N  A
P  R  P  G  K  Y  O  R  Y  L  D  P  U  R  M
L  E  H  H  O  M  L  Z  T  L  E  K  V  I  U
A  M  Y  T  M  I  B  N  O  K  M  R  I  S  F
N  A  S  E  S  S  O  L  A  D  R  R  N  E  F
A  T  I  M  N  R  E  D  E  M  O  N  I  C  I
T  C  C  U  S  U  R  P  E  R  U  J  S  F  N
I  H  S  S  E  L  I  T  N  U  L  H  M  O  X
O  E  X  T  S  E  F  I  R  V  G  D  N  F  O
N  S  S  R  E  D  N  E  V  O  R  P  R  F  P
S  R  O  T  U  C  E  S  R  E  P  B  M  F  J
Y  T  I  L  I  B  A  B  O  R  P  M  I  Y  X
```

CALENDARING	IMPROBABILITY	REMATCHES
CAROLER	LOSSES	RIFEST
CHAUVINISM	LOUSING	SCRIBBLER
DEMONIC	MISRULED	SUNRISE
EXPLANATION	ONCOMING	UNTILES
FIRMLY	PERSECUTORS	USURPER
GEOPHYSICS	PROVENDERS	
HUMANLY	RAGAMUFFIN	

Assorted Words 47

```
Z  W  C  K  O  H  M  E  N  S  W  E  A  R  L
M  O  T  I  V  A  T  E  D  E  T  L  Z  T  B
C  R  K  B  C  G  N  I  H  C  N  U  M  S  N
L  R  E  L  E  A  S  E  S  H  I  C  O  L  C
A  E  X  A  A  Z  G  G  W  U  N  I  I  R  C
U  I  U  C  P  I  G  N  I  P  O  D  F  A  G
N  I  N  K  T  P  T  O  I  F  L  A  K  Y  T
D  O  D  J  Q  S  L  N  V  R  U  T  L  K  I
R  J  D  A  E  C  P  I  E  P  R  E  W  A  R
E  E  S  C  R  C  S  R  E  D  N  A  L  S  I
S  N  M  K  W  E  T  E  U  S  I  P  H  S  R
S  M  B  M  F  U  G  O  P  C  C  V  A  C  P
E  D  Z  G  U  A  L  N  R  O  E  D  O  P  A
S  E  X  H  A  L  A  T  I  O  N  S  T  R  Z
Z  J  I  C  S  V  G  A  T  L  H  E  T  A  P
```

BLACKJACK	ISLANDERS	PROVIDENTIAL
CHARRING	LAUNDRESSES	REAPPLIES
DOPING	LINGER	RELEASES
ELUCIDATE	MENSWEAR	SPRUCEST
EXHALATIONS	MOTIVATED	
GLUMMER	MUNCHING	
GROUT	NOPES	
INJECTOR	PREWAR	

Puzzle #48

Assorted Words 48

```
X  E  V  E  I  H  T  H  D  J  S  L  F  L  Z
P  K  I  D  N  A  P  E  D  E  U  E  C  U  T
H  P  F  N  G  P  H  S  U  C  E  N  N  F  F
M  A  Z  N  O  P  F  S  N  R  J  S  E  D  O
E  T  A  U  T  I  B  A  H  O  O  E  Y  L  R
S  I  P  Y  U  E  T  C  L  S  R  S  V  A  T
T  N  G  P  W  S  M  U  J  S  S  U  W  M  H
I  E  M  N  S  T  Y  K  L  W  W  R  E  T  R
L  K  M  B  I  S  E  C  T  O  R  S  S  N  I
E  M  P  T  I  N  E  S  S  R  V  O  C  I  G
T  K  P  U  N  T  I  N  G  D  P  N  Z  B  H
T  C  E  P  S  T  R  A  F  E  E  A  O  O  T
O  B  P  K  S  D  E  I  R  R  U  L  F  C  L
P  F  I  T  T  E  R  E  I  B  M  U  R  C  Y
E  Q  Y  L  G  N  I  U  G  I  R  T  N  I  L
```

BISECTORS	FORTHRIGHTLY	PATINE
BRAINING	HABITUATE	PUNTING
CONVOLUTION	HAPPIEST	STILETTO
CROSSWORD	HAYSEED	STRAFE
CRUMBIER	INTRIGUINGLY	THIEVE
EMPTINESS	KIDNAPED	
FITTER	LENSES	
FLURRIED	NEURONS	

Assorted Words 49

```
U S Q S R A L U P O P M I Z M
Z I C T Q S H O U L D E R B P
I L O X L A F F I D A V I T S
N K P V R E G D A N D R U F F
C I I P R O V I D E N T L Y Y
U E E A V E S D R O P P I N G
L S R D E K S A B L U N T E S
C A S S A Y S E T A T O N N A
A F M E D I O C R I T I E S V
T R Z S N A I C I N I L C I A
I U U Z S T E L N I X R T K G
O M E S T A E H E R P E C F E
N P E C Q K V J G X P R B M S
C Y K S G A D O G G H U W O T
E N O T N I V C Y R E N N U G
```

AFFIDAVITS	EAVESDROPPING	POPULARS
ANNOTATES	EGGHEADS	PREHEATS
ASSAYS	FRUMPY	PROVIDENTLY
BASKED	GUNNERY	RERUN
BLUNT	INCULCATION	SAVAGEST
CLINICIANS	INLETS	SHOULDER
COPIERS	INTONE	SILKIES
DANDRUFF	MEDIOCRITIES	

Assorted Words 50

```
B O G B C S K C A T S Y A H B
P U K C A S N A R T C E R I D
V T L B M S N A G R O S Y S E
U S I L L E G A L I T I E S P
W O Q D M T D E D I R T S G L
S U G S G E S E J Z C A U D A
M R E M U N T A K M I I I U N
F C O F O O I A E N C F T F E
H I Q T I S N T B R A W L E D
O N W I A W E I T O B R S T D
B G A B U V E L M A L A C V H
X E P W N C O S T U M I N G V
S E I D R A T N U R T R Z G Q
Y W T K N A R P N O U I O E E
G N I D A E L P O I H H B F S
```

ABREAST	FORMATTING	OUTSOURCING
BITUMINOUS	HAYSTACKS	PLEADING
BRAWLED	HOUSEWIFE	PRANK
CITED	HURTLES	RANSACK
COSTUMING	ILLEGALITIES	STRIDE
CRANKED	INNOVATORS	TARDIES
DEPLANED	METABOLIZES	WAPITI
DIRECT	ORGANS	

Assorted Words 51

```
F  J  B  H  I  Z  Y  S  V  S  B  I  I  V  J
L  F  N  X  A  I  G  L  N  H  Z  Z  G  V  L
C  C  F  S  F  I  T  Q  D  E  O  U  L  R  W
V  O  A  Q  T  K  L  X  K  L  A  A  O  M  F
V  M  N  R  A  S  Y  E  L  L  A  K  O  O  P
I  M  Z  T  J  P  A  B  D  E  B  B  S  N  B
G  U  Z  D  E  A  P  L  U  D  N  O  H  O  U
C  N  S  T  N  N  C  R  B  E  O  T  E  P  H
R  I  I  D  H  E  D  K  O  O  R  T  A  O  A
B  O  R  R  W  Q  M  I  S  V  M  O  T  L  L
Q  N  B  Y  R  O  K  M  N  Q  A  M  H  I  I
V  W  Q  T  S  A  R  J  O  G  L  L  E  E  B
U  F  P  L  F  J  M  C  B  C  I  F  S  S  U
U  I  N  V  E  S  T  I  G  A  T  I  N  G  T
S  R  A  T  S  E  D  O  L  F  Y  P  G  T  M
```

ABNORMALITY	COMMUNION	MARRING
ALLEYS	CONTENDING	MONOPOLIES
APPROVALS	CROWDS	SHEATHES
BALDLY	HAILED	SHELLED
BLASTS	HALIBUT	SNEAK
BOTTOM	IGLOO	
CARJACKS	INVESTIGATING	
COMMEND	LODESTARS	

Puzzle #52

Assorted Words 52

```
D P A S T R A M I D C K X S P
W E H P E N D T H I C C Z L R
X L I B R E T T O S Y A P O O
Q Z P R E V E N T H L P H W S
K J F P R D L H P R U T O S P
I D T V D E C I M A T I N G E
N Q K X C M F B H G P V E Y C
E W H S I L L E B M E A Y H T
M M U C K I E S T A F T W A O
A L M I L L I O N T H I J C R
T P U O C E R T D D Z O M K D
I C Z E B E T T E R I N G L M
C R S W D E M I A L C C A E G
S E S I V E R N E G O R T S E
P O P L A R S G N I O B M I L
```

ACCLAIMED	FERRIED	PAPAW
BESOTTING	HACKLES	PASTRAMI
BETTERING	KINEMATICS	PHONEY
CAPTIVATION	LIBRETTOS	POPLARS
DECIMATING	LIMBOING	PREVENT
DISHRAG	MILLIONTH	PROSPECTOR
EMBELLISH	MUCKIEST	RECOUP
ESTROGEN	NEPHEW	REVISES

Assorted Words 53

```
N I T M A T E R I A L I Z E S
B J N E Q C D O K Z O A P R D
S K W T E G R E C H E C K E E
D A A K R N Y P L V G K H A A
V K I G I A I H L T E T X P C
C E N O N L N E E O S Z S P T
A L J I U I L S S B T O T L I
P S U J W Q M I I T U S J I V
S O R M R D E E N G R S M E A
U L F E P F O S H G E U O S T
L A B Y L S U O I C S N O C E
I R Z V B I E X H R S F T R D
N I A I M E X O R C I S T S A
G A O N M O D E L V U J Y H N
T K D O V E R G E N E R O U S
```

CAPSULING	INTRANSIGENTS	RECHECK
CLUMPS	JOSTLED	SCHEMING
CONSCIOUSLY	KILLINGS	SEQUOIAS
DEACTIVATED	MATERIALIZES	SOLARIA
EXILE	MODEL	TEENIEST
EXORCISTS	OVERGENEROUS	
GESTURES	PLOTS	
HOODWINK	REAPPLIES	

Assorted Words 54

```
Q  A  K  N  S  C  D  E  V  I  D  E  S  O  N
R  G  R  A  T  I  F  I  C  A  T  I  O  N  W
E  Y  B  D  J  S  E  E  P  E  D  E  W  M  P
C  U  L  U  T  K  E  N  R  I  C  H  E  D  C
O  I  B  S  L  A  N  O  I  T  N  E  T  N  I
M  F  D  T  S  I  I  Y  T  O  O  L  J  C  S
M  R  I  P  S  E  Y  L  L  I  H  C  V  W  P
E  X  D  A  A  T  L  L  Y  I  N  C  W  S  R
N  V  Z  N  N  P  O  E  K  E  T  O  H  E  O
D  M  I  S  D  T  L  A  S  C  N  F  B  D  U
I  R  F  D  M  U  B  B  T  A  A  K  A  E  T
N  I  T  N  E  I  L  L  U  B  E  R  C  R  S
G  X  W  F  N  N  D  A  T  S  Z  C  C  A  C
R  E  K  I  H  H  C  T  I  H  C  O  S  I  H
H  A  M  B  U  R  G  E  R  E  L  P  A  T  S
```

BONITOES	EVIDENCE	SANDMEN
CEASELESSLY	GRATIFICATION	SEEPED
CHILLY	HACKNEY	SPROUTS
CRACKLY	HAMBURGER	STAPLER
CRAFTILY	HITCHHIKER	STOAT
DUSTPANS	INTENTIONAL	
EBULLIENT	NOSEDIVED	
ENRICHED	RECOMMENDING	

Assorted Words 55

```
C  D  E  S  O  L  A  T  E  N  E  S  S  D  O
S  C  L  B  C  A  R  P  E  T  N  Y  E  M  B
T  U  U  C  I  I  L  X  M  G  O  A  A  P  I
W  I  N  H  O  F  B  L  O  O  D  Y  R  A  T
D  P  F  A  T  V  O  R  E  T  H  I  R  W  U
J  E  A  P  C  R  E  C  L  L  A  C  Z  P  A
F  E  T  S  N  O  I  T  A  T  U  P  M  A  R
R  L  E  S  T  A  D  B  S  L  D  I  Y  W  Y
E  X  U  R  I  G  N  I  N  E  K  C  A  L  B
P  Q  E  F  I  F  P  S  S  R  N  N  O  A  X
R  L  M  Z  F  N  E  U  H  T  U  A  Q  M  J
E  Z  I  T  O  E  G  S  E  E  A  O  C  C  T
S  P  I  K  E  S  D  D  O  L  E  F  T  A  O
S  S  G  N  I  T  I  M  I  L  I  R  F  E  L
M  I  S  C  A  L  L  E  D  X  C  P  S  S  D
```

ALLELUIA	COVETS	OBITUARY
AMPUTATIONS	DESOLATENESS	PAWPAW
BIFOCAL	DETOUR	PILEUP
BIRTH	DISTAFFS	REPRESS
BLACKENING	FLUFFED	SHEERS
BLOODY	JEERING	SPIKES
CARPET	LIMITINGS	
CLOSEFISTED	MISCALLED	

Assorted Words 56

```
Y  S  P  E  L  A  T  A  C  R  E  H  C  N  P
V  N  D  E  V  I  S  U  L  L  I  W  A  Z  E
F  L  O  O  R  E  C  O  R  D  E  D  N  L  R
J  H  U  G  N  I  K  L  I  M  G  Q  N  U  S
Y  U  C  L  A  R  B  I  T  R  A  T  O  R  E
R  J  H  A  O  W  E  Y  P  D  R  D  N  I  V
E  E  I  S  K  O  A  V  L  G  B  O  B  D  E
S  V  N  G  E  J  S  D  B  I  I  G  A  N  R
U  I  G  G  S  R  X  E  I  W  M  F  L  E  A
M  L  S  X  C  A  O  I  N  E  J  O  L  S  N
I  D  L  Y  M  R  W  C  N  S  S  U  O  S  C
N  O  G  A  L  M  A  N  A  C  S  G  E  L  E
G  E  V  B  A  A  Q  G  C  B  R  H  N  L  G
E  R  G  B  Q  Z  N  B  L  T  L  T  W  X  Y
Z  S  Y  F  A  X  P  A  E  K  Z  A  U  B  U
```

AGONY	DOGFOUGHT	LURIDNESS
ALBACORES	DOUCHING	MILKING
ALMANACS	EVILDOERS	PERSEVERANCE
ANALYSIS	FLOOR	RECORDED
ARBITRATOR	GLOOMILY	RESUMING
BINNACLE	ILLUSIVE	WADIES
CANNONBALL	JIGSAW	
CATALEPSY	LOOSENS	

Assorted Words 57

```
G Y S P D G N I T E H C A C G
I R N W E E X D S W L C X Y Z
Y X U X L X T O E R O V N I H
F S H B A B F I N C E S M J O
H L Z J Y F F V R L N L O R I
E D U S S N E P E E D A A M P
I S E C B T D J R M D H E E
G C U R T A I L M E N T S N H
H R I T T U S P M Y T N C R E
T U E J F S A J T J I U A O Z
E B N B J B F T Z O T C C R X
N B H S Y K F R E G E Q L V C
I I F V L Y E N I R H S N E X
N N Z B M Y C T Y L D I V I L
G G E X P A T I A T E S U F J
```

CACHETING	ENSHRINE	TIPTOES
CRANNY	EXPATIATES	TWOSOME
CURTAILMENTS	FLUCTUATE	
CUTER	HEALERS	
DEEPENS	HEIGHTENING	
DELAYS	LIVIDLY	
DISAFFECT	MERITED	
ENHANCED	SCRUBBING	

Assorted Words 58

```
S  S  B  M  O  C  Y  E  N  O  H  I  D  X  W
J  O  R  N  M  H  E  R  P  E  S  U  Q  M  R
O  R  I  Z  X  H  A  S  E  C  N  U  O  R  T
B  E  F  C  B  R  I  G  H  T  N  E  S  S  I
E  K  L  Z  N  L  A  D  X  J  U  X  U  P  F
H  D  Y  B  H  U  O  R  E  O  E  C  F  W  H
E  C  S  Y  A  D  N  C  C  O  B  I  A  X  H
M  A  P  U  W  I  Y  C  K  H  U  L  B  R  N
O  N  E  M  F  A  V  A  W  A  I  T  I  N  G
T  D  C  B  A  L  N  N  D  U  G  V  S  A  O
H  I  K  R  V  S  K  K  E  A  M  E  E  P  M
S  D  I  A  O  B  G  E  K  M  W  W  S  S  T
S  A  N  G  O  G  A  R  A  G  E  T  K  F  E
S  T  G  E  D  Y  H  E  D  L  A  M  R  O  F
T  E  U  D  T  H  K  D  E  F  I  N  E  S  R
```

ARCHIVES	DEFINES	MAILBOX
AWAITING	ENVIABLE	NUNCIOS
BEHEMOTHS	FLYSPECKING	TROUNCES
BLOCKAGES	FORMALDEHYDE	UMBRAGED
BRIGHTNESS	GARAGE	
CANDIDATE	HERPES	
CANKERED	HIDEOUTS	
CUTER	HONEYCOMBS	

Assorted Words 59

```
D A N S C O M P E L L E D P O
R E N C E O B X B O H L N O V
A N F A X R L K W M F A R T L
C E P A C J U O M U M M E R S
C W C O U H A T N U C E S N N
O S Q O M L R B R I P N T L O
O P B L N P T O S U Z T O B O
N A L E H S A E N C N E C O P
S P B M Z C E D D I O D K N I
T E D E K O V N O C S N E G E
A R Z N J F P Q T U D M D O S
T E Q D N E U E X I R E S S T
I D E M O L I T I O N E D G O
O W E A K E S T E E R G D I S
N B S E T A M I T S E W E E S
```

ABSCONDS	DEMOLITION	POMPADOURED
ANACHRONISMS	EMEND	RACCOONS
BONGOS	ESTIMATES	RESTOCKED
COLONIZE	GREETS	SIDED
COMPELLED	LAMENTED	SNOOPIEST
CONSENTING	MUMMERS	STATION
CONVOKED	NEWSPAPERED	WEAKEST
DEFAULTED	NURTURES	

Assorted Words 60

```
T  S  H  U  Y  G  D  E  R  U  S  S  E  R  P
O  W  T  T  G  L  C  G  N  I  K  C  N  I  Z
D  K  F  N  P  I  L  I  Y  E  A  I  S  M  X
O  Y  T  R  E  H  Q  A  L  F  L  N  L  U  C
R  H  X  F  E  T  Q  P  G  I  E  B  R  D  G
O  Y  V  N  T  T  R  P  M  E  C  R  S  M  W
U  F  L  U  E  S  T  O  M  N  L  E  T  R  S
S  I  W  C  J  N  G  I  P  G  J  E  B  U  C
D  Z  A  G  Q  F  X  N  N  D  P  D  Y  M  P
S  E  K  I  H  F  Z  T  I  G  M  S  G  M  I
F  B  L  I  S  S  E  S  P  R  K  G  C  C  P
B  J  D  I  J  F  E  S  T  E  R  I  N  G  G
R  V  A  H  A  T  W  H  E  F  F  A  C  E  L
M  B  N  I  V  L  S  E  T  A  L  U  B  A  T
T  N  G  J  O  B  F  S  T  O  R  M  I  N  G
```

APPOINTS	HIKES	STORMING
BARRINGS	IMBECILIC	TABULATES
BLISSES	INBREEDS	ZINCKING
EFFACE	LEGALLY	
FESTERING	ODOROUS	
FLAILED	PORTENTS	
FLUES	PRESSURED	
FRETTING	PUTREFY	

Assorted Words 61

```
S  P  S  Z  R  F  N  Y  D  Y  C  F  J  S  C
N  F  C  S  S  E  N  I  P  M  U  R  G  O  O
C  I  R  S  D  D  I  T  G  W  Y  A  I  L  A
V  L  U  X  T  E  T  K  H  H  N  W  M  O  S
J  I  B  G  Z  R  D  M  S  R  E  F  J  I  T
P  B  B  I  R  A  A  L  A  U  O  S  U  S  I
R  U  E  A  C  L  Z  W  I  R  H  V  T  N
O  S  R  V  X  I  B  R  C  W  G  L  E  S  G
G  T  G  V  I  S  N  M  E  S  S  I  A  H  S
R  E  G  N  I  T  P  U  R  S  I  D  N  J  N
E  R  Z  C  A  S  A  D  E  B  B  O  C  S  C
S  G  G  I  G  F  E  G  B  H  S  Y  P  H  R
S  Q  B  L  U  S  T  E  R  E  D  T  P  Y  N
E  X  O  I  D  S  M  G  U  U  P  V  W  G  K
D  S  L  A  U  S  I  V  M  I  P  G  W  E  E
```

BLUSTERED	FILIBUSTER	SCRUBBER
CEREBRUM	GRUMPINESS	SOLOISTS
CILIA	HUSKIER	THROVE
COASTING	MARGINS	VISUALS
COBBED	MESSIAHS	WARTS
DISRUPTING	NIGHEST	WILDED
FANGS	PROGRESSED	
FEDERALISTS	PURGATIVE	

Assorted Words 62

```
U  K  M  Y  D  N  A  L  N  I  A  M  K  A  F
R  V  D  E  R  E  T  T  I  L  T  Z  U  A  V
H  E  L  I  C  O  P  T  E  R  T  R  R  R  X
G  N  I  R  E  L  L  O  H  D  R  I  G  M  V
Z  N  P  D  E  V  A  L  S  M  A  V  E  E  X
P  L  U  B  B  M  J  C  W  I  C  K  N  R  G
D  C  B  Y  E  T  L  U  P  A  T  A  C  C  U
F  N  H  C  R  A  L  R  M  V  I  I  Y  H  A
F  T  I  K  I  K  P  R  J  R  V  J  O  A  V
S  L  S  B  B  W  T  I  V  V  E  X  W  N  A
E  H  T  A  E  R  W  C  Z  O  L  R  H  T  S
R  X  N  V  R  R  A  U  R  K  Y  E  V  I  T
T  O  G  Z  I  S  O  L  A  C  I  N  G  N  V
S  E  L  B  A  N  R  U  T  E  R  K  D  G  H
U  S  Q  U  A  D  S  M  I  S  N  O  M  E  R
```

ATTRACTIVELY	LARCH	SOLACING
BERIBERI	LITTERED	SQUADS
CATAPULT	MAINLAND	URGENCY
CURRICULUM	MERCHANTING	WREATHE
DEPOSITIONS	MISNOMER	
GUAVAS	REBIND	
HELICOPTER	RETURNABLES	
HOLLERING	SLAVED	

Assorted Words 63

```
U  Q  N  O  T  A  M  O  T  U  A  W  P  G  C
Y  I  N  C  O  M  P  E  T  E  N  C  E  M  F
W  Z  J  R  P  S  R  E  D  N  I  L  B  A  Y
D  E  T  A  N  O  B  R  A  C  Q  F  D  N  R
C  H  A  M  P  I  O  N  S  H  I  P  G  G  F
S  A  L  B  A  C  O  R  E  S  A  E  U  L  R
D  L  H  H  I  D  M  T  O  R  Q  U  E  I  E
Y  N  L  T  S  T  E  H  C  O  R  C  S  N  N
V  H  A  I  U  R  D  R  G  M  Z  P  S  G  Z
I  L  N  L  R  R  X  N  E  N  O  E  I  G  I
Z  B  Q  W  M  H  T  E  U  D  I  D  N  C  E
E  S  T  I  M  A  T  I  N  G  L  C  G  A  D
H  P  R  O  F  F  E  R  E  D  L  U  I  Y  L
G  G  N  I  N  E  K  R  A  E  H  U  O  D  Y
M  O  R  A  L  I  Z  E  D  H  G  P  Y  B  V
```

ALBACORES	DICING	MORALIZED
AUTOMATON	DREAMLAND	PROFFERED
BLINDERS	ESTIMATING	THRILLS
BOOMED	FRENZIEDLY	TORQUE
BOULDERED	GUESSING	TRUTH
CARBONATED	HEARKENING	
CHAMPIONSHIP	INCOMPETENCE	
CROCHETS	MANGLING	

Assorted Words 64

```
X  C  I  T  E  R  O  E  H  T  D  E  D  N  T
E  Q  O  S  U  N  S  C  R  E  E  N  X  G  W
F  R  E  N  E  G  A  D  E  D  H  Y  V  U  T
I  F  I  B  N  H  D  E  X  P  U  N  G  E  D
G  D  G  S  V  E  C  I  X  T  M  H  G  S  X
R  N  E  N  M  G  C  A  G  D  I  Z  H  S  G
R  E  I  N  I  H  N  T  E  N  D  W  S  T  R
E  K  T  H  M  S  I  I  T  I  J  L  I  E
S  F  O  A  C  I  O  E  N  V  F  T  L  M  C
T  P  X  O  E  N  F  O  H  O  I  A  Y  A  T
O  B  I  T  B  W  A  I  B  C  E  T  I  T  I
R  E  N  E  X  K  S  T  E  A  R  G  Y  E  F
E  S  S  E  L  P  O  T  S  R  S  O  N  S  I
R  L  N  N  H  P  F  O  A  L  S  A  C  U  E
S  K  I  L  L  F  U  L  C  P  N  X  S  S  D
```

BOOMING	GUESSTIMATES	SUNSCREEN
CONNECTIVITY	IDENTIFIERS	SWEATER
COOKBOOK	RECTIFIED	TEACHES
DEHUMIDIFIERS	RENEGADED	THEORETIC
DIGNITY	RESTORERS	TOPLESS
DUNGEONING	SCORCHES	TOXINS
EXPUNGED	SKILLFUL	
FOALS	STANCHING	

Assorted Words 65

```
B M W R U G N I T B U O D E R
S D R E G E N C I E S E A O O
O C A N O N I Z A T I O N S M
U P H R E P O S S I B L E R G
T S R I J H S W C D S D C O M
H S R E S C D E T O X E D O F
E N E E D E P U A W X V O N A
R L E N H O L O I E T O T L M
N B A Z N S M S R L P W A O O
M N V S I U I I U T H V Q O U
O C I E Y L F L N H I X G K S
S L X K S L A R O A X C Z E D
T A R D N U T N I P T X O R T
F I N G E R P R I N T E D S S
S S E N L L I T S F C K S K H
```

ANECDOTA	FUNNEST	REGENCIES
CANONIZATIONS	ONLOOKERS	SOUTHERNMOST
CHISELS	ORALS	STILLNESS
DETOXED	POLISHERS	TUNDRA
DOWEL	PORTICOS	
FAMOUS	POSSIBLER	
FINALIZE	PREDOMINATES	
FINGERPRINTED	REDOUBTING	

Assorted Words 66

```
Y  H  H  D  E  R  E  P  A  I  D  S  O  F  P
M  S  L  I  V  E  D  E  R  A  D  O  X  W  L
A  B  S  Y  D  Z  E  X  T  Y  C  P  U  P  E
R  H  C  E  C  E  T  A  L  O  I  V  N  I  A
A  C  S  A  N  U  M  N  G  T  O  G  V  T  S
T  G  P  Y  B  L  D  E  I  B  U  B  L  C  A
H  S  O  S  L  A  U  D  H  A  Y  L  G  H  N
O  E  I  A  N  L  L  F  L  C  P  N  T  F  T
N  T  L  T  E  U  U  K  H  I  S  E  O  O  E
E  E  E  D  A  A  G  F  I  T  E  I  R  R  R
R  A  R  I  R  M  Q  G  T  E  I  S  I  K  A
S  C  J  C  K  U  A  B  L  H  S  A  T  I  B
G  H  W  H  P  Q  C  R  I  I  G  T  F  M  D
S  N  I  K  S  G  I  P  D  A  N  I  K  W  A
B  T  Q  J  C  F  I  Z  Z  I  N  G  R  E  M
```

BALKIEST	FIZZING	SCHEMED
BOOTEE	INVIOLATE	SNUGGLING
CUDDLIEST	MARATHONERS	SPOILER
CURDLE	PIGSKINS	TEACH
DAREDEVIL	PITCHFORK	
DIAPERED	PLEASANTER	
DRAMATIST	REPAINT	
FAITHFULNESS	RIGHTFULLY	

Assorted Words 67

```
S  T  H  G  I  S  D  N  I  H  B  W  V  L  E
C  S  G  E  N  E  A  L  O  G  I  C  A  L  L
W  T  V  B  L  A  R  N  E  Y  I  N  G  A  H
R  O  A  O  Z  B  A  T  T  I  N  G  R  M  D
A  P  C  M  B  S  H  B  A  P  F  R  A  X  I
T  C  C  B  G  U  N  F  I  G  H  T  S  J  V
H  O  I  I  P  R  S  R  E  G  E  N  T  S  U
L  C  N  N  A  D  E  N  E  V  D  C  O  X  L
M  K  E  G  R  I  W  D  R  C  D  A  O  I  G
I  S  S  M  R  T  R  E  L  E  S  I  H  C  E
S  F  T  O  O  I  L  L  F  U  C  I  L  Q  D
S  F  I  L  T  E  R  E  D  Y  O  S  H  L  A
A  K  L  B  E  S  S  P  N  F  Z  B  I  E  N
L  H  T  Q  D  R  G  R  A  N  U  L  E  D  Z
S  V  S  D  B  R  G  D  N  U  O  B  T  U  O
```

ABSURDITIES	FIELD	PARROTED
BATTING	FILTERED	REGENTS
BLARNEYING	GENEALOGICAL	STILTS
BOMBING	GRANULE	STOPCOCKS
BOULDER	GUNFIGHTS	VACCINES
CHISELER	HINDSIGHT	WRATH
DISCERNS	MISSALS	
DIVULGED	OUTBOUND	

Assorted Words 68

```
E Q O A W R S S L N B D L F V
K T A O A T E R U E W B X W S
R E U E K L R I E L V Q V W U
S E E B S S E A N S L E J H R
T B K N I E E M D I U A L J R
A D E I S R I Z W U A O H A E
N A J N B E T R I H C R O P A
D S U U I G R S A R J E A R L
O O L G D T N U I D O U S K I
U U T E E T N I L D I H R T S
T S P Z S R H E I I E P T E T
S P O O N E D V D X A R A U S
M I S G I V I N G O A F T L A
K R E S P O N D E D U T H F V
Y P Z Y S R E L I A T E R L O
```

AUGER	LAPIDARIES	RETAILERS
AUTHORIZES	LEVEL	SPOONED
BIDES	MISGIVING	STANDOUTS
BIKER	PHALLUS	SURREALISTS
DENTINE	PORCH	TAXIING
DIESELS	RAINIER	TRADUCES
FAILURES	REDISTRIBUTE	USERS
KEENS	RESPONDED	

Assorted Words 69

```
N  O  O  C  A  R  M  P  R  J  J  C  L  J  U
M  A  N  L  Y  G  C  D  B  P  F  A  O  G  L
C  S  E  P  Y  T  O  T  O  R  P  N  A  R  V
O  O  P  D  E  L  K  C  I  R  P  D  T  A  P
V  G  N  I  L  L  E  V  O  R  G  I  H  T  S
R  E  R  S  J  W  B  Y  W  O  R  D  S  I  C
M  N  M  E  T  C  H  A  P  E  L  N  O  F  R
C  E  S  K  D  A  L  W  L  R  F  E  M  I  U
S  L  R  L  P  N  B  E  E  I  I  S  E  E  B
E  W  O  I  O  A  U  U  A  V  A  S  N  D  B
H  X  M  V  N  R  S  S  L  N  F  S  E  S  I
Z  R  C  A  E  G  A  P  L  A  U  Z  S  B  N
H  O  N  E  Y  R  U  C  E  L  R  P  S  A  G
B  B  Z  L  P  O  S  E  O  N  A  Y  S  S  W
O  K  X  H  L  T  B  V  S  W  S  M  K  I  B
```

ASPENS	CONSTABULARY	MERINGUES
ASSAILABLE	EXCEPT	PRICKLED
BYWORD	GRATIFIED	PROTOTYPES
CANDIDNESS	GROVELLING	RACOON
CAROLS	HONEY	SCRUBBING
CHAPEL	LOATHSOMENESS	UNDERGO
CLEANUP	MALLS	
CLOVERS	MANLY	

Assorted Words 70

```
S  I  K  D  Q  C  O  N  C  E  I  V  E  S  R
D  S  L  O  O  T  S  T  O  O  F  F  P  D  E
K  I  G  O  S  S  I  P  I  N  G  C  T  R  S
S  A  V  L  N  I  J  X  X  B  O  H  M  E  T
C  A  D  E  R  O  N  O  H  L  U  R  A  C  U
R  G  D  C  R  L  W  U  Q  U  T  O  M  L  D
I  D  Z  O  D  T  M  I  A  F  S  N  B  A  I
P  W  E  L  R  Q  E  D  S  F  T  O  O  S  E
T  N  A  L  H  A  H  D  T  E  R  L  I  S  D
U  B  L  O  V  A  B  R  A  S  I  O  N  I  L
R  S  O  Q  I  X  O  L  U  T  P  G  G  F  O
E  C  T  U  P  X  P  E  E  L  S  I  R  I  Q
S  N  O  I  N  I  M  D  Q  U  I  C  H  E  S
Y  L  S  U  O  L  E  V  R  A  M  A  B  D  B
N  L  T  M  N  F  Q  Y  L  W  O  L  S  T  L
```

ABRASION	GOSSIPING	QUICHES
ADORABLE	HONORED	RECLASSIFIED
BLUFFEST	MAMBOING	RESTUDIED
CHRONOLOGICAL	MARVELOUSLY	SCRIPTURES
COLLOQUIUM	MINIONS	SLOWLY
CONCEIVES	NOWISE	ZEALOT
DIVERTED	OUTSTRIPS	
FOOTSTOOLS	PEELS	

Assorted Words 71

```
M E V I T A R E P O N I A M M
U E X N U S T S A M E R O F M
S F W Q S R E L K C E H T E I
K E Y G R E U T E C T I C M C
E A K R U R I T X E I R X I R
T R L O T N E G I L I D W N O
E F O S C J E K O Q O V S I C
E U R S H M Q C A L R Q L N O
R L D L U Z D L N M O V C I S
F Q L Y R C L H V I S M J T M
D L Y C N S M K B H V S S Y S
L T O H S D O O L B Z N E O W
R E O O N V T H A I R D O R C
H O G Q Z P R A H S D R A C D
D O E G M Y P E R C E N T S N
```

BLOODSHOT	EUTECTIC	INOPERATIVE
CARDSHARP	FEARFUL	LORDLY
CHURNS	FEMININITY	MICROCOSMS
COKES	FLOOZY	MUSKETEER
CONVINCE	FOREMASTS	PERCENTS
COSMOLOGIES	GROSSLY	
DILIGENT	HAIRDO	
DRESSMAKER	HECKLERS	

Assorted Words 72

```
Y  L  L  U  G  Y  C  P  W  F  V  C  D  M  N
V  X  S  G  N  I  T  S  E  V  N  I  E  R  L
R  X  D  Y  L  E  D  I  L  S  D  U  M  N  N
D  G  I  O  C  G  H  E  U  O  T  N  X  G  E
G  E  N  S  S  A  C  C  L  Q  G  M  K  S  G
P  W  N  I  T  M  R  M  N  F  I  P  I  Q  O
R  R  H  G  P  B  A  E  U  U  F  N  K  U  T
O  M  Y  E  I  U  L  R  T  L  P  U  I  A  I
F  Z  I  M  U  L  O  O  D  I  B  Y  C  B  A
U  C  P  B  V  A  A  R  Z  B  L  E  E  S  B
S  L  L  L  G  N  T  E  G  E  S  L  R  K  L
I  H  A  A  W  C  Y  K  K  L  N  B  I  R  E
O  S  O  Z  N  E  M  M  B  S  O  G  F  J  Y
N  G  X  O  V  S  R  R  U  B  S  X  E  E  B
S  D  U  N  M  U  S  C  U  L  A  R  I  T  Y
```

ALIGNED	ILLITERACY	NEGOTIABLE
AMBULANCES	INIQUITY	PROFUSIONS
BURRS	KEYPUNCH	REINVESTING
CLANS	LIBELS	SCUFFLE
DRAMS	LOZENGE	SQUABS
EMBLAZON	MUDSLIDE	
GROUPING	MULBERRY	
GULLY	MUSCULARITY	

Assorted Words 73

```
I  S  O  M  E  T  R  I  C  S  W  Z  L  C  N
E  S  I  N  O  F  F  E  N  S  I  V  E  L  Y
O  C  Q  Y  L  L  A  M  I  N  I  M  X  N  W
B  A  I  F  P  P  B  D  I  D  N  O  J  Q  P
L  N  U  O  R  M  M  L  E  S  L  L  M  Z  E
I  T  H  A  H  I  L  S  A  S  T  D  S  T  A
G  I  Q  O  G  C  D  G  I  C  O  R  J  F  S
A  E  R  X  D  R  I  G  E  T  K  P  U  A  A
T  R  G  E  S  I  C  R  E  X  E  J  S  S  N
E  X  O  J  E  E  G  T  C  T  O  N  A  I  T
N  R  U  T  P  U  G  I  S  A  S  L  G  C  D
S  K  R  O  W  E  M  A  R  F  I  O  S  A  K
A  V  D  E  H  S  A  L  S  F  O  O  P  G  M
Q  G  B  E  D  F  E  L  L  O  W  S  B  I  H
Z  S  T  S  I  L  A  R  U  M  D  V  G  F  R
```

BEDFELLOWS	FRIDGE	MURALISTS
BLACKJACK	FRIGID	OBLIGATE
CHOICE	GOURD	PEASANT
CIRCA	INOFFENSIVELY	RIPOSTE
DISPOSED	ISOMETRICS	SCANTIER
DOSAGES	MAGNETISM	SLASHED
EXERCISE	MINIMALLY	UPTURN
FRAMEWORKS	MISTRUST	

Assorted Words 74

```
I  R  Y  D  E  G  N  I  T  R  E  S  S  A  D
V  I  R  P  L  A  S  T  I  C  I  T  Y  T  T
T  V  U  O  S  E  I  C  N  A  C  A  V  C  W
R  A  U  V  S  R  P  T  L  M  B  F  V  O  S
A  L  Y  C  V  I  E  M  A  D  A  C  A  M  M
N  L  P  L  E  N  V  I  K  X  Q  L  A  M  J
S  I  T  W  S  X  C  I  R  Z  Q  K  S  E  D
P  N  F  S  N  S  E  R  D  R  V  F  J  M  A
A  G  O  I  E  O  E  C  I  C  A  N  N  O  T
R  J  Y  I  Y  I  E  L  U  P  N  C  P  R  A
E  A  E  P  S  K  T  G  R  T  P  Q  J  A  B
N  Z  R  O  I  U  O  L  R  E  A  L  M  T  A
C  A  S  B  F  A  L  O  A  U  W  B  E  I  S
Y  Y  L  A  C  I  L  E  H  S  S  O  L  V  E
I  F  L  I  V  E  R  Y  D  M  L  G  P  E  A
```

ASSERTING	FOYERS	RIVALLING
CANNOT	HELICAL	SALTIEST
CARRIER	HOOKY	SURGEON
COMMEMORATIVE	LIVERY	TINGED
DATABASE	MACADAM	TRANSPARENCY
DELUSIONS	PLASTICITY	VACANCIES
DIVISOR	POWERLESSLY	
EXECUTABLE	RIPPLE	

Assorted Words 75

```
M L Y I D E N T I F I A B L E
S T O C K S B A S O E J M O D
S S A R A H L P S I J N O B P
A E T Q U A U P E Z E L D D K
L S L L K K R R R Z A R E U N
T A E B E D R O E E G O R R I
W K A D M X I V S R T X A A C
A M E G I U E I T I Q E T T K
T W K E I R R N Q R Y R E I K
E X Q O N H Y G N O L N D N N
R B Y D I S L O C A T I N G A
P R E I Z T I R J D E T T O C
Y L E V I T C U R T S E D I K
G L A C I A L L Y R A C C E P
P E G C I S N E R O F P K X P
```

ANNEXE	GRUMBLES	PECCARY
APPROVING	HARASS	PRETEEN
BLURRIER	IDENTIFIABLE	RITZIER
COTTED	JOYRIDES	SALTWATER
DESTRUCTIVELY	KEENS	SEREST
DISLOCATING	KNICKKNACK	SIERRA
FORENSIC	MODERATED	STOCKS
GLACIALLY	OBDURATING	

Assorted Words 76

```
H  G  S  A  T  H  E  I  S  M  S  P  V  N  I
P  P  N  D  S  P  M  I  P  L  P  R  X  E  M
H  M  C  I  G  T  P  R  Q  A  L  I  Z  G  P
E  Y  U  H  T  B  N  M  Z  N  A  G  I  L  R
H  L  P  T  O  E  W  E  T  C  S  G  C  I  E
I  S  B  O  S  F  N  N  M  E  H  I  O  G  C
T  Y  A  A  G  E  D  O  B  T  Y  S  N  I  I
C  S  M  T  I  L  N  F  Y  P  I  H  T  B  S
H  H  E  W  N  L  Y  I  Q  A  K  M  A  L  E
H  R  S  I  U  E  P  C  M  N  B  L  M  Y  L
I  I  S  G  T  D  C  G  E  R  P  J  I  O  Y
K  F  A  G  L  T  Q  A  X  M  A  F  N  F  C
I  T  G  I  M  C  I  I  L  D  I  C  A  S  P
N  R  E  E  M  U  H  R  D  P  J  C  N  B  M
G  Q  D  R  P  L  O  U  G  H  C  G  T  I  O
```

ATHEISM	HITCHHIKING	PLIABLE
BAYONETING	HYPOGLYCEMIC	PLOUGH
BODEGA	IMPRECISELY	PRIGGISH
CARMINES	LANCET	SHRIFT
COMMITMENTS	MESSAGED	SPLASHY
CONTAMINANT	NEGLIGIBLY	STUMP
FELLED	PIMPS	TWIGGIER
GRITTIEST	PLACENTAS	

Assorted Words 77

```
F E S S E N I T L I U G Y A U
Y R A C I V A Q E Z I L Y T S
S T N A I G G P U A J C O C H
P N S R E G N A D A E F P P E
E N E R G I Z E D A I M A I R
R U D B I C B Q F Q E N D M L
I U B O C H L A F S O D T P M
S C L W M S T N E I L A S R O
H D D L Z I H D E P L O R E D
I M L E B A C H O R N F A S E
N X M R N O B I I O J M S S R
G B X S F N Q E L U L X K I N
S E C I R F I T N E D B X N I
S E I D R A T B E H I N D G T
V M Z I K C A B S A V N A C Y
```

BEHIND	DEPLORED	QUAINT
BINNED	DOMICILE	SALIENTS
BLOODTHIRSTY	ENERGIZED	STYLIZE
BOWLERS	GIANTS	TARDIES
CANVASBACK	GUILTINESS	USHER
DANGERS	IMPRESSING	VICAR
DEADPAN	MODERNITY	
DENTIFRICES	PERISHING	

Assorted Words 78

```
D  H  E  A  D  Q  U  A  R  T  E  R  S  L  G
K  S  X  I  I  N  T  I  M  I  D  A  T  E  S
S  A  E  S  S  X  S  D  R  A  W  N  W  O  D
M  U  Y  Y  R  S  Y  L  X  R  S  K  Y  W  E
S  A  O  L  E  E  E  Z  A  Y  Q  S  D  L  H
E  A  E  U  G  K  I  N  X  G  N  I  R  W  Y
S  L  S  R  N  N  C  D  E  N  E  F  A  E  D
H  T  E  H  T  E  I  U  R  L  U  R  M  G  R
R  E  L  C  A  S  G  V  B  A  T  I  L  E  A
I  M  I  Y  T  Y  D  N  O  S  B  T  Y  Z  T
M  P  M  H  R  R  S  I  I  R  P  M  I  U  I
P  E  L  A  P  P  O  P  M  S  P  E  O  L  O
E  S  G  N  I  C  U  D  N  I  I  P  E  B  N
D  T  H  T  G  O  R  I  E  S  T  D  A  W  G
M  A  R  C  H  I  O  N  E  S  S  E  S  U  C
```

APPROVINGLY	GORIEST	REGALS
BOMBARDIERS	HEADQUARTERS	SASHAYS
BUCKEYES	INDUCING	SHRIMPED
DEAFENED	INTIMIDATES	TEMPEST
DEHYDRATION	LITTLENESS	WEEPS
DISINGENUOUS	MARCHIONESSES	WRING
DOWNWARD	MIDSTREAM	
ELECTRODES	POPPA	

Assorted Words 79

```
W  P  R  E  C  A  R  I  O  U  S  L  Y  Q  V
G  N  S  S  E  L  T  U  G  S  U  N  K  E  N
D  N  L  N  E  C  R  O  M  A  N  C  E  R  S
O  I  I  U  O  C  P  R  O  S  P  E  C  T  J
N  S  S  N  O  I  I  Y  E  T  O  M  O  R  P
O  Q  T  C  N  S  T  T  L  Y  S  B  N  U  M
M  G  E  B  R  A  T  A  S  N  V  T  W  D  Y
A  Y  N  T  T  I  C  F  L  I  M  M  R  K  V
T  P  S  I  S  C  M  S  I  O  R  E  Z  A  I
O  X  A  F  T  R  H  I  K  L  S  U  L  U  W
P  V  F  R  L  T  E  I  N  T  E  N  T  O  J
O  V  P  J  F  A  O  N  S  A  P  C  O  U  S
E  K  A  P  S  A  S  N  E  E  T  N  A  C  F
I  M  C  F  H  N  I  K  K  P  L  E  Y  F  D
C  F  C  S  T  A  R  T  S  H  O  S  S  Z  C
```

CANTEENS	KNOTTING	PROSPECT
CHISELS	LISTENS	SCANNING
CONSOLATIONS	NECROMANCERS	SOLEMNLY
DISCRIMINATES	ONOMATOPOEIC	SPAKE
FACELIFTS	OPENERS	STARTS
FLASK	PARFAIT	SUNKEN
FUTURISTIC	PRECARIOUSLY	WARTS
GUTLESS	PROMOTE	

Assorted Words 80

```
F  R  S  P  D  C  I  N  A  H  C  E  M  U  X
U  E  G  Q  S  E  T  A  N  I  M  I  L  E  S
C  O  N  N  E  D  C  S  S  E  N  I  Z  A  L
B  D  K  M  I  C  A  R  E  E  S  W  S  B  N
S  H  E  L  I  D  N  H  E  I  T  N  B  V  Y
A  D  O  L  U  M  A  E  I  S  L  T  A  T  E
I  W  N  U  B  V  P  N  L  J  C  G  I  S  E
R  M  E  U  S  M  D  E  O  U  I  E  N  N  D
O  G  P  S  O  E  E  I  C  N  P  K  N  I  G
T  V  N  R  T  R  W  S  O  C  N  R  W  D  K
D  H  U  I  I  R  G  O  S  R  A  A  O  B  I
R  J  W  L  P  S  U  P  R  A  E  B  C  C  B
N  W  N  A  A  A  O  C  M  K  S  T  L  H  E
P  I  H  C  R  T  E  N  K  A  X  I  S  E  O
Z  Y  Y  B  X  T  E  L  A  Q  C  U  D  A  X
```

ASTEROID	ELIMINATES	MECHANIC
AWESTRUCK	HOUSEWORK	OVULATE
CAMPGROUNDS	IMPECCABLE	SETTING
CANNONADING	IMPRISON	THWART
CONNED	JIHADS	
CORPULENCE	KINGLIEST	
DECRESCENDI	LAZINESS	
DISASSEMBLED	LEAPING	

Assorted Words 81

```
E  D  E  R  E  V  U  E  N  A  M  T  U  O  B
E  F  K  E  D  G  Y  C  N  D  A  O  L  P  U
H  U  N  I  F  Y  N  D  O  H  V  F  T  A  P
I  C  Q  K  P  T  E  I  T  T  G  S  D  Q  O
P  A  N  O  M  S  I  E  H  T  N  A  P  U  R
R  U  E  U  T  O  J  B  I  C  Q  N  A  A  T
H  F  N  W  A  Z  W  U  N  E  T  Q  E  R  E
E  F  E  T  C  H  I  N  G  L  Y  U  M  T  R
T  D  E  Z  I  R  O  D  O  E  D  E  H  E  I
O  M  I  K  B  N  A  H  C  T  A  M  E  R  N
R  L  F  S  D  P  G  F  T  U  N  J  I  R  G
I  M  R  N  S  K  C  O  T  S  R  E  V  O  Y
C  Z  N  O  I  T  E  R  C  S  I  D  I  V  T
A  H  A  S  H  I  N  G  H  O  U  L  S  E  K
L  Y  E  D  O  R  Y  O  J  Z  W  K  W  S  E
```

CRAFTS	JOYRODE	REMATCH
DEODORIZED	NOTHING	RHETORICAL
DISCRETION	OUTMANEUVERED	ROVES
FETCHINGLY	OVERSTOCKS	TOQUE
GHOULS	PANTHEISM	UNIFY
HASHING	PORTERING	UPLOAD
HAUNCH	PUNTING	
HUTCHING	QUARTER	

Assorted Words 82

```
Z  Y  N  O  I  T  A  L  L  E  T  S  N  O  C
R  A  A  I  N  S  S  S  D  X  K  J  E  L  O
V  S  V  L  J  O  E  E  E  R  E  N  X  Z  I
N  L  A  S  P  T  I  G  H  N  E  S  T  Y  H
L  I  S  T  E  N  S  T  U  S  I  H  U  R  F
P  V  S  R  G  S  W  H  C  E  U  H  S  G  W
R  E  A  D  E  T  R  O  P  E  D  R  C  A  F
A  R  L  V  O  S  S  A  D  I  S  Y  N  A  R
N  I  E  Y  L  G  R  H  H  J  I  O  C  O  M
K  N  D  R  O  X  S  E  Z  T  N  I  L  B  T
S  G  Z  Y  G  D  V  Y  I  P  A  E  U  I  Q
T  C  W  V  Y  Q  V  I  R  N  V  C  N  K  V
E  S  R  E  F  N  I  E  P  E  N  V  K  I  H
R  S  E  L  C  I  T  R  A  P  V  A  Y  N  U
W  L  S  S  E  T  A  R  G  I  M  E  P  I  Y
```

BIKINI	EVERY	PRANKSTER
BLINTZES	GEOLOGY	RASHER
CATHARSES	INFERS	SECTION
CLUNKY	LISTENS	SEGUED
CONSTELLATION	MACHINES	SLIVERING
DEPORTED	ONRUSHES	VASSALED
DOWNPLAY	PANNIERS	
EMIGRATES	PARTICLES	

Assorted Words 83

```
S H I M M I E D O Y H T I M S
D O G G E D I S C U S S I N G
D O A I X P K R O C N U K A G
D R E I F I S N E T N I T S B
S N O I T A R B I L A C J H L
E R U O E I C E M P N M W U O
E T E O P V L U N U D G O Y A
S S A D B I O Y R T N U O C M
S L K R I E E R L T E V X C I
R N O E E E S R P L A R H C E
A Z W W E C I U X E E I X U S
P J E A P R S T O H R U N E T
I O A W R O M I A H Q V R E Z
N D Z Y V P K N V M A N I C D
G F I X E B O E N E V I R H T
```

CALIBRATIONS	EIDERS	REEKS
COMATOSE	EVISCERATE	RENTER
COUNTRY	HOUSEBOUND	REPROVE
CRUELLY	INTENSIFIER	SHIMMIED
CURTAINED	LOAMIEST	SLOWPOKE
DISCUSSING	MANIC	SMITHY
DOGGED	PRAWNS	THRIVEN
DROOPIER	RAPING	UNCORK

Assorted Words 84

```
K  O  A  A  P  O  T  H  E  O  S  I  S  K  S
A  E  G  N  I  H  C  T  A  H  F  T  P  X  E
C  I  X  N  S  R  E  T  O  O  B  E  E  R  F
D  O  N  O  I  T  P  E  C  X  E  Q  Q  E  N
F  B  L  V  C  T  M  A  N  T  L  E  D  X  O
A  S  A  L  A  H  A  M  B  U  R  G  E  R  S
T  C  O  C  E  R  S  E  N  K  U  U  I  P  N
U  U  Q  H  U  C  I  T  R  I  V  Q  C  E  I
O  R  X  R  C  G  T  A  U  T  M  E  N  E  G
U  I  Q  B  M  Y  E  I  B  O  N  B  Z  F  H
S  N  Y  H  C  W  S  C  V  L  L  E  L  G  T
L  G  Q  Z  O  P  B  P  K  I  Y  I  P  Y  H
Y  H  T  I  L  O  N  O  M  O  S  R  A  X  A
I  M  B  A  L  A  N  C  E  I  S  T  J  B  W
Z  Q  E  N  E  R  V  A  T  I  O  N  S  X  K
```

APOTHEOSIS	GECKOS	NIMBLY
BAILOUTS	HAMBURGERS	OBSCURING
COLLECTIVISTS	HATCHING	PSYCHOS
ENERVATION	IMBALANCE	TRUCE
ENTREATING	INVARIABLY	
EXCEPTION	MANTLED	
FATUOUSLY	MONOLITH	
FREEBOOTERS	NIGHTHAWK	

Assorted Words 85

```
I N C R E A S I N G C I L D G
F N S R S D E Y A P N F K V I
V R O E B D E C I T N E M B N
K S A I H C A L C U L A T E E
H G A Q T S H T I M M U S E F
P U A S F A U U R V B D V T F
A C M U S C C R C S E R A C I
R N C B N A A E L K J D F E C
D K A M L T Y N F U S B E W I
O X Q L A E E S T E B V K B E
N Q Q K Y R S D N E D W H P N
I C A T A T O N I C E E X X C
N C M I S E I K N U J N I J Y
G I Y Q I S K C A H W H S U B
N O I T A C I F I T R O F E M
```

ANALYTIC	CATATONIC	INEFFICIENCY
ASSAYS	CHUCKS	JUNKIES
BEDEVILED	DEFECATION	PARDONING
BULRUSHES	ENTICED	PAYED
BUSHWHACKS	FORTIFICATION	SUMMIT
CALCULATE	GAUNTED	
CANTEENS	HUMBLES	
CARES	INCREASING	

Assorted Words 86

S	R	E	K	N	A	T	S	M	R	E	T	D	I	M
D	E	G	S	U	B	S	I	D	I	N	G	I	Z	C
T	I	G	I	U	D	E	T	C	I	V	E	Z	Q	O
O	M	S	A	H	B	A	C	K	L	O	G	S	Z	N
L	L	A	D	W	G	A	V	S	A	X	R	K	M	T
E	O	H	R	A	E	N	G	H	P	Z	P	D	E	U
R	V	T	X	R	I	N	I	N	O	J	Z	E	N	M
A	E	R	R	G	I	N	A	Y	I	O	L	E	A	A
B	M	Q	E	I	N	A	F	C	F	D	P	R	C	C
L	A	V	R	I	C	I	G	U	T	I	A	S	E	I
E	K	F	L	Q	S	K	L	E	L	M	R	F	H	O
L	I	K	E	N	E	S	S	Z	A	L	E	O	E	U
D	N	O	P	S	E	R	O	T	Z	B	Y	N	L	S
O	G	E	B	B	Q	K	U	L	E	U	L	N	T	G
G	N	I	N	O	S	A	E	R	G	R	N	E	K	I

ANDROIDS	GLORIFYING	NUZZLING
BACKLOGS	GLOSSIER	REASONING
CONTUMACIOUS	HOOPS	RESPOND
DEERS	LIKENESS	SUBSIDING
DISDAINFULLY	LOVEMAKING	TANKERS
ENACTMENT	MARRIAGEABLE	TOLERABLE
EVICTED	MENACE	TRICKSTER
FADING	MIDTERMS	WAGES

Assorted Words 87

```
D W S T O C K I N E S S P G P
N S S E N T U O V E D J T R H
C C C S T R A I T E N S V I G
Y O T I N E Q U I T I E S T R
E M E P X P X P B S K E E T K
B P F R E E B A S I N G M I K
M E D E Z I R A T I L I M E D
R T F G N I O O B J S M A R T
A I Z O X C E C N U O J F E L
C N X Y G N I M R A L A L N A
Q G A M I S P R I N T E D F C
U U E D N O I C I P S U S M I
E K G N I S S A P R U S V I N
T G U U R E I N V E N T I N G
S H Y D R O E L E C T R I C D
```

ALARMING	GRITTIER	SKEET
ANOREXICS	HYDROELECTRIC	STOCKINESS
BEFOGS	INEQUITIES	STRAITENS
BOOING	JOUNCE	SURPASSING
COMPETING	LACING	SUSPICION
DEMILITARIZED	MISPRINTED	TRAMS
DEVOUTNESS	RACQUETS	
FREEBASING	REINVENTING	

Assorted Words 88

```
O  F  O  R  M  U  L  A  T  I  N  G  V  A  T
J  D  B  F  A  D  E  S  O  L  C  E  R  O  F
G  L  B  X  D  E  T  U  B  I  R  T  S  I  D
U  N  S  L  I  A  T  H  S  I  F  D  Q  O  S
E  B  I  F  A  C  O  A  G  U  L  A  N  T  S
G  L  P  Z  X  C  U  R  Y  O  A  W  K  Q  P
E  J  B  O  I  O  K  P  B  J  T  V  A  X  R
U  S  P  A  W  R  V  B  E  A  T  K  H  L  N
N  G  T  J  B  D  O  P  I  N  E  I  T  W  O
O  O  G  R  X  I  E  G  N  R  D  X  U  T  Q
I  M  Q  V  A  O  R  R  E  B  D  S  S  R  E
S  B  S  C  A  N  S  C  Y  T  Z  I  J  N  F
Q  G  A  P  E  S  G  C  S  D  A  T  I  V  E
G  N  I  H  T  I  K  E  H  A  N  C  R  F  R
G  N  I  R  I  M  S  E  S  S  E  R  P  X  E
```

ACCORDIONS	ESTRANGES	KITHING
ASCRIBABLE	EXPRESSES	MIRING
BLACKBIRD	FISHTAILS	POWDERY
BROAD	FLATTED	SCANS
CATEGORIZING	FORECLOSED	UPENDS
COAGULANTS	FORMULATING	
DATIVE	FRUIT	
DISTRIBUTED	GAPES	

Assorted Words 89

```
S  E  A  M  A  N  S  H  I  P  M  L  F  Z  G
N  I  Y  G  N  I  Y  A  L  R  E  V  O  V  S
E  M  C  Q  E  S  W  A  S  K  C  A  H  P  T
G  N  I  L  L  E  N  N  A  L  F  U  M  P  O
J  Y  Q  F  R  T  C  O  G  A  A  A  Z  P  O
T  O  R  P  O  R  S  S  L  A  H  C  S  A  P
C  O  N  T  E  N  T  O  L  C  W  E  S  O  E
I  P  Z  K  S  D  J  Z  M  E  T  T  K  I  D
O  T  E  J  D  I  E  L  D  R  C  O  J  C  F
M  W  H  H  X  K  U  C  L  E  A  N  S  E  S
C  R  U  S  T  I  E  S  R  E  D  E  A  S  K
P  P  E  P  P  E  R  Y  A  E  S  I  R  H  D
S  E  R  E  N  E  L  Y  E  C  O  T  H  G  C
D  D  E  T  A  N  I  D  R  O  O  C  U  U  S
C  N  T  N  A  L  I  B  U  J  L  B  W  O  X
```

ACETONE	FISCALS	PEPPERY
CASUISTRY	FLANNELLING	REARMOST
CHANCELS	HACKSAWS	SEAMANSHIP
CLEANSES	HIDED	SERENELY
COERCED	JUBILANT	STOOPED
CONTENT	OUTSELL	TORPOR
COORDINATED	OVERLAYING	
CRUSTIES	PASCHAL	

Assorted Words 90

```
I  Y  H  B  H  A  M  B  U  R  G  E  R  S  I
S  E  T  A  R  D  Y  H  O  W  P  X  T  R  N
J  X  W  M  P  V  S  K  C  Y  U  T  O  E  A
N  S  L  E  E  P  I  L  Y  R  T  R  U  N  C
C  O  N  F  E  D  E  R  A  C  Y  O  R  T  C
A  W  L  H  U  G  E  L  Y  A  Q  V  N  R  E
T  C  O  F  F  I  N  S  L  T  V  E  E  E  S
K  F  S  H  T  R  A  E  H  A  B  R  Y  A  S
S  E  I  B  A  B  B  U  K  L  T  S  B  T  I
W  N  U  R  U  B  H  Z  S  O  Z  I  O  E  B
K  G  X  T  D  L  U  C  T  G  N  O  O  D  L
B  I  S  H  T  A  R  W  S  E  T  N  S  N  E
V  N  Y  K  M  M  F  I  E  D  L  H  T  Z  S
L  E  S  T  N  E  I  R  O  S  I  D  E  Q  E
N  S  Q  H  J  R  W  M  S  D  A  Y  R  D  R
```

ADRIFT	DISORIENTS	HYDRATES
APPELLATIONS	DRYADS	INACCESSIBLE
BABIES	ENGINES	SLEEPILY
BLAMER	ENTREATED	TOURNEY
BOOSTER	EXTROVERSION	WRATHS
CATALOGED	HAMBURGERS	
COFFINS	HEARTHS	
CONFEDERACY	HUGELY	

Assorted Words 91

```
E  K  E  X  T  I  N  G  U  I  S  H  E  S  X
Q  S  T  T  X  F  M  W  G  U  B  M  U  H  W
S  D  P  N  I  I  R  E  V  E  R  S  E  D  F
B  S  D  R  A  C  Q  U  I  R  I  N  G  B  U
P  U  E  E  E  R  L  I  R  Z  T  C  N  I  R
A  T  D  R  C  S  E  A  S  R  T  N  U  R  L
N  U  L  G  U  I  S  T  C  I  L  C  M  A  O
G  M  Q  A  E  T  O  O  L  V  E  O  B  S  U
I  B  F  D  O  R  C  V  S  U  Q  L  E  C  G
N  R  W  U  X  H  I  E  N  D  D  L  R  I  H
G  I  F  U  N  J  S  G  L  I  S  A  L  B  I
H  L  K  V  A  G  P  M  A  R  C  T  E  L  N
P  U  I  R  K  M  A  Y  W  R  H  E  S  E  G
N  F  R  I  E  N  D  L  I  E  S  T  S  I  C
H  H  T  J  I  J  G  F  S  W  K  Q  J  Y  K
```

ACQUIRING	EXTINGUISHES	LECTURES
ADULTERANT	FRIENDLIEST	NUMBERLESS
BRITTLE	FUNGALS	PANGING
BUDGERIGARS	FURLOUGHING	REVERSED
CALCITE	HUMBUG	SHOAL
COLLATE	INVOICED	TUMBRIL
CRAMP	IRASCIBLE	
ESPRESSOS	JERKIN	

Assorted Words 92

```
N  H  D  R  S  B  B  R  N  H  M  U  M  H  R
V  S  S  Q  Y  T  I  C  K  E  R  T  E  N  E
E  I  R  E  G  G  N  H  L  K  A  F  A  S  F
Y  L  M  E  I  J  E  E  R  E  D  J  S  O  I
Y  R  B  T  T  C  K  G  U  R  A  I  L  P  N
P  R  E  A  K  I  N  U  G  L  L  N  E  P  E
H  E  E  P  I  G  R  A  M  S  F  D  S  I  M
R  D  L  T  L  V  U  W  N  Q  P  E  G  E  E
A  E  E  C  N  E  S  L  G  G  U  M  C  S  N
S  S  C  K  A  E  T  Y  N  N  I  A  A  T  T
E  B  T  O  C  T  E  I  O  D  O  L  T  L  J
D  I  O  N  N  U  N  R  N  B  A  S  A  S  C
V  Z  R  P  I  V  D  E  E  G  W  E  B  M  A
D  K  S  F  P  H  H  L  T  F  R  O  M  W  V
T  B  N  R  D  E  T  E  R  R  E  N  C  E  L
```

CLAMPS	JEERED	REPLETING
COWBOYS	KUMQUATS	SONGWRITERS
DETERRENCE	LEANS	SOPPIEST
DUCKED	MALIGNANCIES	TENTACLE
ELECTORS	MEASLES	TICKER
EPIGRAMS	PHRASE	VIABLE
FLUENTS	REENTER	
HINTS	REFINEMENT	

Assorted Words 93

```
M  W  Y  K  S  G  O  D  P  E  E  H  S  A  R
H  G  S  V  D  E  E  D  S  T  R  E  A  K  S
W  L  U  R  H  A  N  D  G  U  N  Q  V  S  T
C  V  G  S  E  J  Q  I  N  T  Q  M  R  L  A
L  N  D  G  H  V  U  P  L  L  I  T  S  N  I
S  A  G  H  M  I  I  C  R  E  S  W  Q  Y  R
C  H  E  E  S  I  E  R  R  O  T  I  Y  Q  W
U  P  K  P  P  B  X  S  D  F  G  A  L  U  A
F  J  T  E  P  M  U  R  T  P  A  U  D  W  Y
F  U  Y  Z  T  A  N  N  O  U  N  C  E  R  S
L  M  A  N  G  L  E  E  O  X  X  O  T  S  U
E  P  W  M  I  S  Q  U  O  T  A  T  I  O  N
L  Y  L  E  T  I  S  I  U  Q  X  E  F  C  R
L  Z  D  E  T  A  R  E  P  S  A  X  E  Q  S
F  E  R  O  C  I  O  U  S  N  E  S  S  R  H
```

ANNOUNCERS	FACTOR	ROGUES
APPEAL	FEROCIOUSNESS	SCUFFLE
CHEESIER	GUSHIEST	SHEEPDOGS
DATELINES	HANDGUN	STAIRWAYS
DEEDS	INSTILL	STREAK
DRIVERS	JUMPY	TRUMPET
EXASPERATED	MANGLE	
EXQUISITELY	MISQUOTATION	

Assorted Words 94

```
Q  I  S  G  S  N  O  I  T  A  L  U  D  O  M
R  N  B  I  N  S  E  C  T  I  V  O  R  E  S
G  S  D  G  Y  I  S  R  A  T  I  S  V  P  C
F  N  S  E  N  L  W  D  E  S  T  I  N  E  T
E  L  I  K  I  I  L  O  E  I  B  F  R  N  O
L  G  G  N  C  F  B  A  T  B  L  H  V  I  V
S  I  G  L  O  O  I  B  I  S  R  F  S  T  E
A  N  N  B  A  S  D  D  I  N  E  A  W  E  R
G  U  E  R  M  N  I  D  O  F  N  B  B  N  L
B  U  R  E  A  U  C  R  A  C  I  E  S  T  A
K  S  L  C  R  Z  Y  E  P  H  X  W  I  S  P
S  Q  E  U  M  G  I  F  D  M  O  A  Y  B  P
G  N  I  R  I  W  E  R  I  M  I  R  I  C  I
Q  K  B  U  S  I  N  E  S  S  M  E  N  Z  N
J  C  E  R  O  P  M  E  T  X  E  R  N  E  G
```

BARBED	EXTEMPORE	INSECTIVORES
BESTOWING	FIBBING	MODULATIONS
BEWARE	FLIER	OVERLAPPING
BIENNIALLY	GENRE	PENITENTS
BUREAUCRACIES	GLANCED	RECUR
BUSINESSMEN	GREENS	REWIRING
CODIFIED	HADDOCKS	SITARS
DESTINE	IMPRISONING	

Assorted Words 95

```
A  P  P  R  O  B  A  T  I  O  N  S  M  R  W
P  N  C  O  M  P  U  T  E  R  S  R  O  E  E
O  C  I  I  Y  Q  S  D  T  B  D  W  L  C  M
P  L  C  M  A  R  S  T  R  U  Y  F  D  R  U
L  V  N  M  A  O  A  J  C  E  N  I  I  I  S
E  M  Z  S  K  T  F  H  A  E  A  E  E  M  K
X  E  X  I  S  T  E  N  C  E  S  S  I  R
I  A  L  F  H  G  R  D  E  S  T  I  T  N  A
E  N  O  P  A  S  N  E  I  I  I  G  B  A  T
S  S  A  N  D  E  E  I  E  T  C  H  U  T  S
M  M  D  N  O  T  E  C  S  H  U  T  L  I  V
N  J  A  T  F  E  Z  E  I  W  K  E  L  N  B
Q  W  B  W  M  S  L  R  B  L  O  D  I  G  Z
P  Y  L  E  L  I  T  S  O  H  S  D  E  F  S
N  S  E  O  G  N  I  R  U  T  N  E  D  N  I
```

ANIMATED	DEICERS	MOLDIEST
APOPLEXIES	DOWSING	MUSKRATS
APPROBATIONS	DYNASTIC	NOELS
ATTUNES	EXISTENCE	RECRIMINATING
BISECTS	HOSTILELY	SIGHTED
BULLIED	INDENTURING	SLICES
CHARY	LOADABLE	
COMPUTERS	MEANS	

Assorted Words 96

```
R  D  H  M  G  D  I  B  D  S  I  N  N  E  D
Y  Z  E  Y  A  W  E  N  I  M  A  T  I  V  M
G  L  J  V  S  D  O  M  T  Q  A  R  S  T  A
E  E  G  C  I  T  A  B  O  R  C  A  O  Y  I
C  A  R  N  Z  T  O  C  P  R  I  B  G  O  N
C  G  G  E  I  Z  A  G  A  T  G  C  N  J  S
E  T  N  N  D  T  A  L  I  M  X  O  A  N  T
N  A  T  I  I  N  E  V  U  B  U  K  P  T  R
T  X  S  E  M  Y  U  E  G  M  G  I  T  B  E
R  O  C  F  G  O  R  O  L  D  U  W  Z  D  A
I  N  A  F  T  E  R  E  F  F  E  C  T  U  M
C  O  M  E  C  H  X  A  M  O  C  T  C  O  E
I  M  P  C  H  C  P  F  C  E  R  B  A  A  D
T  I  S  T  P  L  U  C  K  J  K  P  L  O  R
Y  C  V  S  P  M  E  G  A  B  Y  T  E  S  C
```

ACCUMULATIVE	EMERYING	PROFOUNDER
ACROBATIC	FLEETINGLY	SCAMPS
AFTEREFFECT	INTRICATE	SINNED
BIGOTS	MACADAM	TAXONOMIC
CAROMING	MAINSTREAMED	VITAMIN
COATED	MEGABYTES	
ECCENTRICITY	PLUCK	
EFFECTS	POGROMED	

Assorted Words 97

```
R V H P A V I D E R F Z T I U
E C E N P R E P A I D G D U N
S F K W O O E G N I V A T S S
O F A H S S Z I S Z U R W E P
N K N D O T H C H A P T I L I
A B L E A C H E R S G E E A T
N H A P R C Q Y S F U R L S T
C S T N E N I T N O C B D T E
E R S E S I H C N A R F S I D
K Q U Y S E L O H L L E H C V
Q U A D R E N N I A L T V I B
D B J N D P E S T I L E N T H
O F O B B I N G D R L R C Y A
Y L E U Q S E T O R G J P R X
W E G N I Y A R R U H Y L L Z
```

AVIDER	ELASTICITY	PREPAID
BLEACHERS	FOBBING	QUADRENNIAL
BUSHIER	GARTER	RESONANCE
CHAPT	GROTESQUELY	SPITTED
CICADA	HELLHOLES	STAVING
CONTINENTS	HURRAYING	WIELDS
CRUDDIER	NOSHES	
DISFRANCHISES	PESTILENT	

Assorted Words 98

```
N S L A D T K E N N E L L E D
P S S E T A N E H P Y H X P B
E E G L O W I N G L Y O R L Q
R Z G J B C R Y B R A E N U T
S R E S L A F E F Q Q Y I T M
U S G A T P P Z T G I E S O I
A H R N S L S T V T H N D C C
S D E O I E E J I P O T O R R
I L E R T T L M O S Z H W A O
V J I N E S F B S A M R N T M
E I N A I T E E I G Y A P X E
L L F P N H I T L C I L L M T
Y P I U U B C C O C U L A L E
O G W Q I F O A A R P R Y S R
S K I L L E T H M L P B C A J
```

BAPTISMAL	HERETICAL	PERSUASIVELY
CAPLETS	HOBNAILS	PLUTOCRAT
CLEFTING	HOTTER	PROTESTORS
CRUCIBLES	HYPHENATES	SKILLET
DOWNPLAY	KENNELLED	SMELT
ENTHRALL	MACHINED	
FALSER	MICROMETER	
GLOWINGLY	NEARBY	

Assorted Words 99

```
C O D I S C E R N I B L E G M
N N G B X D D S O Y W J U Z I
J X L R F W E E G O M U M K N
D E T U O H S L N D T G Y C D
L R S G C R Y O G E N I C S I
D E D N U T O R P G E D N R S
N O S I A I L R V X O K B G P
Y C N E T S I S N O C G H Q U
S S N E G Y X O D E H C U O T
H I M Q U A N T I F I E D R A
U P D P F K T G N I S S A G B
C P A S U G N I R E H S O K L
K I G S E T A I R B E N I X Y
E N U E C N E I R E P X E N I
D G N I T L E P J K H N D P J
```

CONSISTENCY	INEXPERIENCE	ROTUNDED
CRYOGENICS	KEENED	SHOUTED
DISCERNIBLE	KOSHERING	SHUCKED
GASSING	LIAISON	SIPPING
GOGGLED	OXYGEN	TOUCHED
HERITAGES	PELTING	
INDISPUTABLY	QUANTIFIED	
INEBRIATES	ROOTING	

Assorted Words 100

```
P R S T V R P Y T I N U M M I
N P M J S D E R B N I D T G A
W H Z E Z I N R E T A R F U F
S T F A R D S U F F U S I O N
N Y M F R E E L O A D E D Q M
I Y L E T A R U D B O V G B I
G P J P M D M R P M G Z R Z N
H H O O W B U Y E Y Q O V T I
T D C B U S E D A F H I F Q S
C S T N I O P R E T N U O C T
A D N D U F C E S S P O O L E
P Z N P T R U C K I N G C G R
S Y G N I H C A O R C N E O I
O I R Q B M O C Y E N O H W A
Q L A T A M O H P M Y L B T L
```

CESSPOOL	FRATERNIZE	NIGHTCAPS
CONFERRER	FREELOADED	OBDURATELY
COUNTERPOINTS	HONEYCOMB	SUFFUSION
CRUNCH	IMMUNITY	TRUCKING
DRAFTS	INBREDS	
ENCROACHING	LYMPHOMATA	
FADES	MEMBER	
FOGBOUND	MINISTERIAL	

Puzzle # 1
ASSORTED WORDS 1

			N	A	S	A	L	I	Z	E	D		C	
Y	T	I	L	U	D	E	R	C					U	
	R				B	A	P	T	I	Z	E	K	R	
		E	C	O	U	N	T	E	R	F	E	I	T	E
	A		T		C	O						N	A	R
S		B		U	E	D	A	B	A	T	E	E	I	A
E	E	Q	O		R	Y	P	M				T	N	D
C		I	U	L	V	N	D	R	E			I		I
U			R	I	I	E	I	E	E	B		C		C
R				A	C	S		N	K	P	A	S		A
E				E	K	H		G	C	P				T
S					S	R		E				A	E	E
T	W	H	E	E	L	E	D		S			P	D	D
						F	R	E	C	K	L	I	N	G
	L	A	C	I	M	O	N	O	R	T	S	A	G	U

Puzzle # 2
ASSORTED WORDS 2

		S	E	Z	I	L	A	T	I	P	S	O	H	C
			C	O	N	S	U	M	M	A	T	E		A
				N	E	E	D	L	E	W	O	R	K	T
L	A	T	A	F	N	O	N						R	A
S				S	R	E	I	R	C				E	F
G	P	S	T	H	G	I	L	D	O	O	L	F	U	A
	N	O		A	V	A	I	L	A	B	L	E	N	L
P		I	H						H	L			I	Q
I			N	S	B	R		E	D	S	I		F	U
C	S	Y	E	N	R	U	O	J	I	E	A	G	Y	E
K				A	E		O		D	L	R	H		
L					W	T	B		K		D	E	H	T
E					L		N	R		I		I	U	T
S	B	U	N	G	E	D		U	A		N		K	D
S	E	A	L	E	R	S			S	B		G		

Puzzle # 3
ASSORTED WORDS 3

		C		M	I	N	I	M	U	M	S			S
		O		T	V							P	P	U
S	P	M	U	M	D	N	E					R	R	B
K		P		P	E	E	L					O	I	M
Y	G			I	A	E	M	M	L			T	N	E
W	W	N	G		S	S	N	O	N	U		R	C	R
R	I	W	I	N	K	T	E	S	N	I	M	A	I	S
I	L	E		T	I	G	A	L	A	I	A	C	P	I
T	I	I		N	L	N	C	D	T	C	T	L	N	
I	E	G		G	I	I	I	H	D	E			E	G
N	S	H				O	A	T	I	I	S	S	D	
G	T	T					P	T	A	O	R			
P	A	L	I	M	O	N	Y			P	R	L	S	
	G	N	I	T	R	I	G			A	U	S		
	S	E	T	A	N	I	M	I	R	C	N	I		

Puzzle # 4
ASSORTED WORDS 4

	P	A	L	I	M	P	S	E	S	T				
		S	E	I	M	E	N	E	H	C	R	A		
L			T		P	R				D	E	X	I	F
A		Y	T	A	E	M	E	E	S				R	
C	D	U	D	E	D	N	S	C	V	E			D	R
Q					O			G	E	K	I	C	R	E
U						B		A	I	I	A	A	O	V
E	N	C	L	O	S	I	N	G	R	M	N	W	P	E
R	N	I	C	K	S		T			D	M	G	P	L
E		Y	L	L	A	U	T	N	E	V	E	U	E	A
D					A	N	U	C	A	L			D	T
	S	E	C	N	A	L	A	B	R	E	V	O		I
	S	E	D	A	U	S	R	E	P					O
	S	L	L	A	F	T	O	O	F					N
S	E	I	K	C	I	U	Q		R	E	U	S	E	S

Puzzle # 5
ASSORTED WORDS 5

B	M	I		G	N	I	Z	I	C	A	R	T	S	O
U	A	N		C	R	O	S	S	O	V	E	R		
C	Y	D	R			M	S	I	N	A	T	A	S	
K	P	I	A				S	C						P
W	O	S	D	S	D	O	O	H	E	S	L	A	F	O
H	L	P	I		A				P	R				L
E	E	E	O		F	R		O	T		G		W	I
A		N	E		I		B	U				N	O	T
T		S	D		R			A	A	T			O	I
		A	C	R	E	D	I	B	L	E	C		L	C
		B		M				L	E		R	L	A	
		L		A				Y		D		Y	L	
		Y	D	E	N	U	R	P			N		L	
	I	N	D	I	V	I	D	U	A	L	L	Y	A	Y
	S	O	Y	R	B	M	E						C	

Puzzle # 6
ASSORTED WORDS 6

C	O	N	G	R	E	G	A	T	E	S				
			E	C	U	L	T	I	V	A	T	O	R	
S	N	O	I	T	A	R	C	E	S	N	O	C		
			D	N	U	O	B	T	S	A	E	B		
N	O	V	E	L	T	Y	D				R	R		
S	E	X	A	M	I	L	C	I	T	N	A	E	F	
B	I	R	T	H	P	L	A	C	E		C	M	F	I
	L	E	C	H	E	R		H		N	L	B	A	N
D		E	N	L	I	S	T	I	N	G	A	L	S	G
	A		D	H	I	P	P	E	R	S	E	H	E	
	O			O		M			S		I	R		
		L		W		U		E		O	I			
	S	S	E	N	E	S	N	E	D	S		N	N	
S	E	S	S	U	R	T		K					G	
P	R	E	P	A	R	E	D	S	V	A	T	T	E	D

Puzzle # 7
ASSORTED WORDS 7

T	N	E	C	S	I	N	I	M	E	R				
	G		T	A	E		G	N	I	K	O	R	T	S
	F	R	O	N	T	G	T						O	
O		O		A	F	D	S					B		
V	D	S		U	D	T	I	U	U			L		
E	D	E	H	D	P	E	S	S	J	J		I	S	
R	P	E	L	A	E	S	N	N	H	S	N		G	E
L	A		T	P	G	T	T	E	O	E	I	U	A	G
O	L	D		S	I	G	L	S	K	C	S	M	T	R
A	S		E		A	C	I	U	E	C	N		I	E
D	I		C		L	N	N	A	P	A	I	O	G	
R	E	D	U	C	E	S	T	I	G	S	M	L	N	A
	S			P	E	R	J	U	R	E	S	I	S	T
	D	E	N	O	I	T	I	S	O	P		A	L	E
		R	E	G	U	L	A	T	O	R	Y			D

Puzzle # 8
ASSORTED WORDS 8

W	C		R	A	I	L	R	O	A	D	S	R
R	O			O	S	E	H	S	U	R	T	E
	I	M	T	R	A	V	E	R	S	E	S	E	A
	E	B		E		D	E			I		R	W
	R	I		T	B	E	R		N		E	A
		N			A		W	H	C		O	K
F	L	E	C	K		D	R		O	U		S	E
		D			L		O		L	N		N
Y	L	L	U	F	E	C	A	E	P	B	P	L	G	S
O	R	A	C	L	I	N	G	H	P	A	R	E	S
I	N	V	E	S	T	E	D			T	L		M
	G	N	I	M	O	S	N	A	R	E		E
S	A	L	A	R	Y	K	E	E	P	S	A	K	E
Q	U	E	S	T	I	O	N	N	A	I	R	E
S	N	O	I	T	I	D	N	O	C	E	R	P

Puzzle # 9
ASSORTED WORDS 9

G	I	N	C	E	S	T	D	E	Y	E	S	O	M	
L	N			O	N		Y	L	L	A	N	G	I	S
U		I			O	O	P	A	Y	L	O	A	D	S
N			E	T		P	I	G	N	I	R	A	O	S
C	D		L	T			E	S	C	A	L	I	N	G
H	R	E	B	B	U	L	B	R	S	T	F	A	R	G
E		E	N		A	B	E			A	E			
O			Z	O		H		N			T	R		
N				O	I		S			I		I	P	
E		D			O	T		A		E			V	E
T	D		E			B	C		W		N		E	D
T		U		R			M	U	L	A	T	T	O	S
E			X	N	O	L	H	T	A	I	B		L	
S	E	S	A	E	L	B	U	S	N	I	X	O	T	Y
			H	Y	D	R	O	T	H	E	R	A	P	Y

Puzzle # 10
ASSORTED WORDS 10

S	T	E	A	L	E	G	I	T	I	M	I	Z	E	S
				C	P	U	Z	Z	L	E	M	E	N	T
			B	A	R	O	N					T		H
		B		T	V	E	R	B	A	L	L	Y	A	O
U	U	S	E	C	I	D	N	I				N		L
N	T		P	H	O	T	O	G	E	N	I	C	G	O
D	T	L		W		Y	L	G	N	I	R	A	L	G
E	E		U	O		G	N	I	V	L	O	S	E	R
R	R	J		R	E	M	A	R	K			M		A
P	F		E	D	I	W	I	N	D	E	D		E	P
I	L			C		D	B	U	S	H	M	A	N	H
N	Y	E	L	I	T	I	S	M				T		I
N	I	R	E	H	A	S	H	E	D					C
E	N	Y	L	B	A	R	T	E	N	E	P	M	I	
D	G	N	I	T	A	V	I	T	C	A				

Puzzle # 11
ASSORTED WORDS 11

		S	L	A	M	I	X	A	M					
L	S		C	S	K	R	A	L	W	O	D	A	E	M
S	O	E		A	G	E	E	T	N	E	S	B	A	B
S	G	D	C	N	I	N	S	T	N	E	C			R
	G	N	G	E	A	S	I			I				O
S	G	N	I	E	I	M	E	R		O				W
	L	N	I	R	R	P	S	N	E			P		B
N	G	A	I	D	T	S	R	E	M	T			P	E
E		N	M	L	L	S		E	N	A	S			A
U			I	I	D	E	T	A	T	I	G	O	C	T
T			L	N	R	G	R		N	L			F	I
E				I	A	U		A			E			N
R	E	I	D	A	E	T	S	C			E		C	G
S		E	R	U	T	A	E	F				H		
		D	E	M	A	G	O	G	U	E	R	Y		

Puzzle # 12
ASSORTED WORDS 12

		C		G	D			R	E	I	K	N	A	L	
H				I	S	A	E	U	C			N			
E	Y	A			T	E	W	T	M	H			I		
R	A	L	U	G	A	U	K	A	P	U		H			M
E			R	B	T	N	M	G	S	L	E	T	C	S	O
A				A	T	U	O	I	O	I	H	U	D	E	U
F				N	H	O	M	D	I	T	A	C	L	S	L
T				A	I	D	A	A	X	A	K	L			T
E				C	O	R	T	E	X	T	V	A	F	I	A
R						O	S			I		E	N	L	C
S	G	N	I	R	A	P	M	T			C		G		Y
S	U	O	R	T	X	E	D	I	B	M	A				
						S	E	N	I	M	S	A	J	L	
	M	O	P	P	I	N	G				T			L	
						G	N	I	T	A	L	L	O	C	Y

Puzzle # 13
ASSORTED WORDS 13

```
. . . . E X A C T N E S S . . .
S E G E I S . H . . . . . . H
. A U T H O R I Z A T I O N O
. G R E H T O B . P . . . . R
F O U N D E R S . . P . . . S
L M . S I D . . L E A V E S E
E E E S N L A D E G N I T D R
. X V R N A E Y . . . . . . A
L R T E C O M E D O W N S . D
. I E R H H R U H R . . . . I
. K L U S A E H W E . . . . S
. . I L D I N H . T A . . . H
. . N U E D T . . R M . . E
. . G P D . . . A . S
. S L L E H S E L K C O C .
```

Puzzle # 14
ASSORTED WORDS 14

```
. . . . E M B E Z Z L E R S . .
L A I R E G A N A M . . . H .
. R . R G N I Y E S O M Y .
D A R E D E V I L . . R D I
I E S N P I K . L . . E R M
N G N I P S W . S . V O P
T O . G I G O T A . O . E P L
E . I . O A R R I H . G N O A
R . . T . L W I D L . . U N U
D . . N . F S V S L . E I S
I . C R E A S E D E E S C I
C . C A N T A T A S V R . B
T . T S E I K S I R F . A L
E U R A N I U M B . . . E Y
D I R R A T I O N A L I T Y
```

Puzzle # 15
ASSORTED WORDS 15

```
L . . . . Y A D D I M . S R .
I . S G . . C . . . . O U
M L . H N . S N . . . U F
E S U Y T I S N E D . R F B
L . T F L E L E R I . C I U
I . . R M E I L I O N . E A T
G . . I I R N T E C C E D N T
H . . Z . G A N H J A A L I E
T . J Z . . H U G . G . N R
I N C I T E M E N T I . E G S
N . . E N T O U R A G E . L
G . . S G N I S I O P .
. . T N O I S I V E R .
R E D H E A D S H U T T L E
. P E R S E C U T E D .
```

Puzzle # 16
ASSORTED WORDS 16

```
. H I G H B R O W . S . E P
. S E I C N E R R U C N O
C E S I U M . . . . R O T T
N S E C L U D E D . G N E T
E P . N T . . E . . I F R E
G L . O A . . S . N L P R
O E B . . I U B . E G I R I
T A S A . . L T U . R C I N
I S . T R S . L N R . T S G
A I . A I R F I E L D S E
T N . T . T M E . Z C A . D
I G . E . I D P . A C P
N S . . D . O A M . G A
G O V E R T U R N S A
. . G N I B I R C S N I
```

Puzzle # 17
ASSORTED WORDS 17

	F		K	O	O	G	E	D	E	L	B	B	O	G
	M	O	S	N	S	G	D	E	R	U	J	R	E	P
	U	T	U	R	O	E	N	I	A	D	R	O		A
D	M	U	F	N	E	C	M	I						R
E	B	R	L		D	D	K	O	H					T
S	L	E	U	S	E	E	D	O	S	S				I
I	E	E	M		N	X	R	O	U	O	U		C	A
G	R	N	M			W	P	E	F	T	W	B	A	L
N	S		O				A	L	D		S	T	R	I
A			X	D				P	O				P	T
T					N				S	R			E	Y
E					N	O	I	T	A	X	E	N	N	A
S			G	N	I	K	C	O	L	B		R	T	
I	N	H	I	B	I	T	I	N	G				R	
G	N	I	R	P	S	D	N	A	H				Y	

Puzzle # 18
ASSORTED WORDS 18

	L	O	G	A	R	I	T	H	M					
S	G	R	U	B	B	I	N	E	S	S				
E	T			S	L			C						
R		A		C	E	I	G	S	L	E	E	P	E	R
E	N	C	I	H	H	C	Q	N		U				
N	S	O		D	A	A	A	U	I		D			
D	U	M	I	U	E	N	T	L	I	V		I		
I	B	M		T	L	R	D	T	P	D	E		N	
P	M	U		G	A	N	E	S	E	S	A	I	B	G
I	I	N	W	R	O	T	A	I	E	R	I	T	R	
T	S	I	I	E		N	I	S	L	T	I	D	E	G
Y	S	C	S	T	S	I	G	G	U	R	D	N		
	I	A	D	O				I	O		A		G	
M	O	T	O	R	I	Z	E	S	N	C		N		
	N	E	M	T				G				G		

Puzzle # 19
ASSORTED WORDS 19

			G	N	I	R	U	S	A	E	L	P		
	E	T	I	S	I	U	Q	R	E	P				
		H	I	B	E	R	N	A	T	I	N	G		
R	E	V	I	S	S	E	R	P	M	I	D			
E			B				F			N		D		
C		S	A				A			C		U		
O		H	S	A	B	A	R			R				M
N			T	E		E	T	A	L	U	M	R	O	F
S			A	M	N		H			C	S			B
I			R		O	I	E			L	T			T
D	F	A	D	E	D	R	R			O	E			U
E			S		S		B	E	Y	D	V			S
R					N			I		E		O	E	
E	I	R	I	A	R	P	E		D	H			N	
D	S	M	I	T	E				D			C		

Puzzle # 20
ASSORTED WORDS 20

	H	A	S	M	R	O	W	C					P	
	O	S	B	N	D	E	L	L	E	V	O	H	S	O
	L		E	A	E	D	I	O	R	Y	H	T	Y	V
	O		C	R	N	A		G				O	C	E
C	C	S		O	M	D	K	G				F	H	R
J	A		L	B	U	O	O	I				F	O	C
	U	N	D	E	A	N	N	N	N			E	T	O
	S	J	A	E	P	R	T	G	M	G		E	H	N
	T		U	L	N	R	O	R		E			E	F
					B		U	A	M	Y		N	R	I
					E		M	C	E	W		T	A	D
	R	E	C	C	O	S		M		T	O		P	E
N	A	G	I	M	R	A	T	P	O		E	M	Y	N
	H	O	B	N	O	B	B	E	D	C		R	E	T
E	N	T	E	R	T	A	I	N	E	D				N

Puzzle # 21
ASSORTED WORDS 21

M	I	L	K	I	E	S	T	C	O	M	D		C	
		G		Y	R	A	V	O	A	O	I	O	G	
S	R	E	N	W	O	D		M	T	I	S		M	E
S	E	V	E	I	L	E	B	M	M	E	F		P	N
M	M	N	I		W			O	E	T	R	C	A	E
A	B	E	I	N		O		N	A	I	A	O	S	R
D	A		N	M	T		R	E	L	E	N	U	S	A
H	R	A	T	R	A	E		R		S	C	N	I	L
O	R	Y	S	A	A	T	R	S	O		H	T	O	I
U	A	E	L	Y	T	P	E	N		B	I	E	N	Z
S	S		I	T	L	I	T	H	E		S	R	A	I
E	S			N	R	U	B	U	P	E	E	S	T	N
S	E				A	U	M	A	R	M	S	I	E	G
	D					Z	O	S	H	E	A	G		
		C	O	N	F	I	S	C	A	T	I	N	G	

Puzzle # 22
ASSORTED WORDS 22

		F	L	A	G	E	L	L	U	M				
B	O	O	T	B	L	A	C	K	S					
G			S	V	I	D	E	O	E	D				M
S	N		C	O	P	Y	C	A	T	T	I	N	G	A
N	E	I		R	D	S						M	R	T
A			R	B	S	U	A	E				E	A	R
P			F	O	M	E	P	C	A			S	V	I
P	D		F	T	O	T	S	O	M			H	E	C
I	R	E	M	O	S	C	A	K	V	I		E	S	U
E		E	S	A	T	G	Y	V	R	A	E	D	T	L
S				B	S	L	S	U	R	I	A	R	O	A
T				B	U	A	A	R	R	T	L		N	T
					U	O	I	C	D	U	C		E	I
Q	U	E	N	C	H	R	M	S			C	A		N
	D	E	R	I	U	Q	N	E						G

Puzzle # 23
ASSORTED WORDS 23

S		G	N	I	H	S	I	R	U	O	L	F		
	T	G	N	D	A	I	N	T	I	E	R			
H		N	N	I		S	E	K	O	M	S	B		
Y	S		E	I	L	G	T				R			
P	L	T		M	Y	I	L	R				I		
H	U	D	E		D	V	A	I	A	H	E	L	P	S
E	C	D	I	C	A	N	V	T	S	K		L		O
N	K		U	R	N	S	A	I	R	T	H	I		L
E	Y	S		E	O	A	S	M	D	U	E	A		I
D		O			T	L	L	E	M		C	N	N	G
		R			H	S	F		T	O		T	S	A
		B	B	L	E	E	P			S	C	L		R
		E	Z	I	R	O	G	E	T	A	C	Y		C
		T		I	N	T	U	I	T	I	O	N		H
O	C	C	L	U	S	I	O	N	S					S

Puzzle # 24
ASSORTED WORDS 24

	B	L	A	T	I	B	R	A	B	O	N	E	H	P
		I	B	S	R	E	S	I	H	C	N	A	R	F
		T	U			P	I	L	L	O	R	I	E	S
		T	N	E	S	R	A	O	C		N			
		E	T	A	P	R	A	G	M	A	T	I	S	T
G	R	S		L	H	A	M	S	T	R	I	N	G	S
	N	D	E	T	L	U	P	A	T	A	C		W	R
N	S	I			S		E		V				R	E
	A	K	G			S		P	E		E		I	F
		S	S	A			E		P	T	N		G	U
		S	A	A	R		N	P	A	E	A	N	G	S
		M	L	C	O		E			S	H		L	I
			O	I		F		M				T	Y	N
			O	Z	M	A	D	A	M				S	G
	P	U	R	E	B	R	E	D	S			L		E

Puzzle # 25
ASSORTED WORDS 25

U			S	A	D	E	L	L	E	H	S	
U	N		E	G		N	I					
R	S		L	N	Y	E	N	D				
E		N		B	I	A	E	A	E			
P			O		A	T	J	T	M	P		
E				I		C	P	N	F	O	M	
S	A	S	G	K	L	R		I	U	I	I	R	I
M	T	S	R	N	E	A	A	M	L	R	P	F	Y	P
O	A	S	K	E	I	Y	I	L	A	P	K	O		P
U	B	S	I	C	K	D	S	R	C	G	P	N	P
L	L		T	T	A	O	A	T	E		L	A	A
D	E		O	F	J	M	F	O	T		A	N	B
E	C	O	B	B	L	E	R	S		N	R		M	I
R				F	L	A	I	M	E	A	N	A
			E	C	I	T	C	A	R	P

Puzzle # 26
ASSORTED WORDS 26

R		L	I	E	U	T	E	N	A	N	C	Y	
R	E	K	I	N	O	M	I	S	C	R	E	A	N	T
	D				D	E	D	E	P	M	A	T	S
		N	E	V	I	S	S	E	R	P	E	D
	F		E				D
	E		M	N	O	N	V	E	R	B	A	L
		S	G	N	I	T	A	O	C	E		S
A	I	L	A	T	I	N	E	G		A		H	C
D	E	T	A	U	D	A	R	G		H			O
	C		A	L			O			O
	A			C			O			T
	P	S	T	A	R	T	E	D	T		E
	E		T	H	G	U	O	S	E	B	R
	S	A	N	N	A	D	N	A	B		S
S	C	H	L	E	P	P	D	A	N	K	L	Y

Puzzle # 27
ASSORTED WORDS 27

		N	O	I	T	S	E	G	I	D	N	I
S	R	E	M	A	E	R	D	Y	A	D		C
C	P		S		L			L	O		F
O		L	B	E	D	E	V	I	L	L	I	N	G	O
P	I	A	S	S	F	R		M	T	S	R
I	Y		N	Y	E	U	E	T		B	R	L	M
N		F	S	D	G	X	P	L	S		O	I	I	E
G			E	P	U	O	Y	R	T		E	V	P	D
			R	O	C	E	P	O	I	D	I	P
			I	A	O	T	R		C	N	N	E
			Z		R	P	E	S	I	U	G	D
C	A	L	L	E	H	S			D
			D		S	T	S	I	M	A	G	I	B
		S	N	O	I	T	A	G	E	L	E	D
			P	E	R	I	P	H	E	R	I	E	S

Puzzle # 28
ASSORTED WORDS 28

					T	N	E	M	R	E	T	N	I
		L	A	U	T	C	E	L	L	E	T	N	I
	N			H	A	R	D	L	I	N	E	R	S
G	O	D	M	O	T	H	E	R
I	M		S		E	S	U	B	A	G	A	V	E
N	I			E	B	U	R	G	L	A	R	I	Z	E
F	N	D	N	E	T	X	E	T	O	K	I	N	G
I	A				A			C
E	L					L		K
L	G	N	I	B	B	O	M	U	S	L	A	C	E	D
D	N	I	L	B	R	O	L	O	C
				G	N	I	S	S	E	R	T	T	U	B
					D	E	L	U	D	I	N	G
C	H	A	T	T	E	R	E	R			C
S	A	C	I	N	O	M	R	A	H

Puzzle # 29
ASSORTED WORDS 29

			O	U	T	E	R	S	P	I	K	I	E	R
			H	E	A	R	T	B	U	R	N			
	R	M					G	R	A	P	H	I	C	S
I	D	E	R	E	D	N	U	O	F			P		H
S	N	E	I	O	Y	P	A		A			A	E	O
T		C	T	P	F	L	A	C		L		R	M	W
A			O	R	M	O	B	G	O		I	S	P	O
M	P	Z		R	O	U	R	M	A	L		E	L	F
P	E	I	S		P	P	R	O	U	N	Y	C	O	F
E	R	R		D		O	M	G	L	R		T	Y	S
D	M	C				N		R	I		H	C	E	
I	U	O			D	E	T	A	R	U	C		S	
N	T	N					T	S	T	R	E	P		
G	E	S			P	L	U	N	G	E	R			
S	H	O	W	I	N	E	S	S	I		S			

Puzzle # 30
ASSORTED WORDS 30

						I	N	D	O	R	S	I	N	G	
M	D			H	Y	L	E	V	I	S	L	U	P	M	I
E	S	E			I	L	E	C	U	T	T	E	L		L
R	P	A	L			P	S	Y	L	E	T	U	N	I	M
I	O	C	N	L		P	U	S	N	G	I	S	E	R	
T	P			L	I	E	B	O	O				H		
O	U				I	R	R	D	P	E			E		
R	L	N			N	A	R	E	O	T			L		
I	A	O				G	M	A	I	T	U	L			
O	R	N	H			D	G	I			U	D	A	A	
U	L	T			P		E		E		Q	O	M	E	
S	Y	O				A	D	O		R			O	U	B
		X	C	H	A	R	W	O	M	A	N			L	S
	N	I	C	K	I	N	G			B					B
		C	Y	L	D	E	D	A	E	H	D	R	A	H	

Puzzle # 31
ASSORTED WORDS 31

	D		S	E	S	O	N	G	A	I	D	S	I	M
	S	E	S	U	O	L	S	R	E	G	N	I	W	S
			N	E	G	O	T	I	A	T	O	R	T	S
			D	U	M	B	F	O	U	N	D		E	T
C	A		R	E	T	I	A	G					X	E
	U	T	M			T	S	E	T	T	E	W	T	A
		T	S	A			A	T			V		U	D
V	I	O	L	I	S	T		Y	E		E		A	F
			A	V	H				N	S	N		L	A
			D	I	S	S	I	D	E	N	T		L	S
F	A	I	R	I	E	S	M	N			I	U	Y	T
Y	E	K	N	R	U	T	P		G		D	F	O	L
	S	C	H	U	S	S	E	S			E			Y
	T	E	L	P	U	R	D	A	U	Q				
				O	R	D	E	R	E	D				

Puzzle # 32
ASSORTED WORDS 32

L	I	V	E	A	B	L	E	C	T	R	Y	S	T	S
		D	E	R	O	V	A	F	S	I	D			
		C			M	O	O	N	L	I	T			I
		A					G	N	I	K	C	U	M	N
L	U	F	S	P	U	C	P	O	M	M	E	L	S	C
P	R		C	G			N	A	C	E	P			O
H	E		A	N	N	E	X	A	T	I	O	N	M	M
O	H	S	D		I		D						O	P
N	I	A	E	H		M	E						O	A
I	R	M	S	G	O		M	G					R	T
C	E	B		A	M		U	O					L	I
S	D	A			G	E		R	N				A	B
D	E	R	O	S	N	O	P	S	O	C	D	A	N	L
Y	L	L	A	C	I	T	S	I	T	O	G	E	D	Y
	T	S	E	I	P	M	U	R	G					S

Puzzle # 33
ASSORTED WORDS 33

```
G L A Z E S E G A R A P S I D
    Y   Y L L I D
        D P E R F I D I O U S
          O   S H T H G I E
P           B S H A L L O T S
H             M E L A N I N
O G N I T A G E R G E S E D N
N             J A Y W A L K S U
O   N C A R B U N C L E S   D
G Y R O S C O P E S O R T N I
R   S A L L E V O N           S
A     D A E R P S T U O     M
P S E O T A M O T E L G G I W
H   C O C K S C O M B
S     Y T I L I B A R U D
```

Puzzle # 34
ASSORTED WORDS 34

```
        P     S E C A L U P O P
N H     A   P E R S O N A G E
E I   E C       T           I
T T Y   X   I     A     M N
W C S T T   F     U     I T
O H C C R O P P I N G Q   S E
R H R O E I       E     E M R
K I U N M   D     S     A R
S K B G E M I M P L I C A T E
A E B R S D E P O S I N G C L
L D E U C O N N O T I N G H A
A   R E     C         E T
M   S N S P U N K E D   D I
I   S T R O P P A R D     O
S     A M B I T I O U S N
```

Puzzle # 35
ASSORTED WORDS 35

```
    E V I S S I M R E P
S         E S R A P
S T     G N I T A I D U P E R
  T E   C G   N S B E M U S E
Y S O K O C N   I U       N
  T   P N R G I E K R     A
S E T   S A   N T L S T   C
U P   A C V L N I C S T N   T
G S S   R A T B E O E S A I I
A O U   I T   S   O T L A O N
R N N   P T L   I   N O E H G
C S N   T E   U   L   A H
A   I   I D   X   U   T P
N   E   O   I M P E A C H E S
E   R G N I S R U C     O
```

Puzzle # 36
ASSORTED WORDS 36

```
        D   O R I G I N A L L Y
      C H E M O T H E R A P Y S
    D D S Y T   T A N G Y I   A
    I D E N L A P S     M   V
R F Y E H O E R A E     P   A
E F   R H C I V O P T   A   G
S E   I L S N T I M A R L   E
T R   E A A I E A S E C A   L
L E E E S S V N L C O M I M Y
E N   H R I N I A B O L M E S
S T   C A W O H B   V P O S
S I   T I E B C     N X C
L A     U V D         O E
Y T     B A I           C
  E P U L S A R     C S
```

Puzzle # 37
ASSORTED WORDS 37

```
S H U T T I N G U N B O A T
  E T A R A L I H X E
A G N I L G N A T N E S I D
T N         C O N D E N S E R
T   C   D R E H T O O S
R   S H B E   R O S T E R E D
I   N S O S I       R B
B   O   T R R F       U       F
U   B   T I W E I     L S     A
T   B   L   N O K L L   E   N
I M Y   E   K M C P     D C
V A   D       E A E M       I
E N T R Y W A Y     R N H E   L
  G   G N I S I R P M O C X Y
  O       L L E B E U L B   E
```

Puzzle # 38
ASSORTED WORDS 38

```
C O N V A L E S C I N G B
B S F I E N D I S H         A
B R E A D W I N N E R S C B
  A S Y             O Y
  S S I L G N I H S I N I F
  S   S R T R E T E I D S P
A A     E O N       E H E
N I     D T A       M   R
C L       I T       N   S
B E M U S I N G   L S   A   E
S R I A P M I     C N T   V
T E X A C E R B A T E O   E
R   K A Y A K I N G R C R
H A S S L E D         Y   E
L G N I T A C O V I U Q E D
```

Puzzle # 39
ASSORTED WORDS 39

```
  D N Y M P H O M A N I A C
    E       D N A L R E V O
  E V I T A N O N M E M B E R
N     C A Y T I N R E T A P
  O   E O R G N I L S U O T
T N S S T N E M E L P M O C
  A S T   S D D S N R O H T
    I M T S C A U O     F   H
  T L U O I E B C M     L P R
  R Y   O T P H T O E   I O E
P A R T E R I F C A O S R N S
  N   F   E N   O C N T T H
  C     I   D G   S E S O O
  E       F       A A O L
S K E Y S T R O K E S M N D
```

Puzzle # 40
ASSORTED WORDS 40

```
M P   I N H A L A T O R S
A G I S E L B I O F
R A   H     W   I N I M R E T
S G     S E T A N I D R O O C
H G N   R     R           U
A L   I   O   B       T
L E     H C U S T O D I A N I
L S     Y S E C N E T N E S C
I       G I T S E K E E M L
N         R D     C       E
G         T S E I L H S E L F
W A K E N S R O L E S N U O C
F I N G E R N A I L
    E L B A T A B E D
  I N C L O S I N G
```

Puzzle # 41
ASSORTED WORDS 41

```
L W A I S T E D L A B E I P
M I G Y R E G G U D L U K S R
E Q C N         P A U S E S E
T U D E I     C A N D O R V
A O R I N N O   D   D       E
S T A   S T I P T E E       R
T I W   L C I A A O R       B
A E L   I   O A R Q B O     E
S N E   P     L T T U R D   R
I T D   S     O E S I U A A
Z S L L A T S     R S N N T T
I     G L I M P S E D O G E
N       C O M E S D     C S
G C O R R U G A T I O N
    Y L S U O U C O N N I
```

Puzzle # 42
ASSORTED WORDS 42

```
V A L O R M A T Z O T H     R
    S T E A K   T N I O P   E
P A R T I C I P L E         G
E G N I Z E E R F   S       I
Y L L A C I N E M U C E     S
S   G D S       E R A     S T
O P S N E E       R O R   I E
R S A M A T T E   V L R     R
P D E N U T O A C   A K O   E
H A   C I R C N U I   T L W D
A   R N E B E T T V   I O S
N     K A L E R O C E   N F
E       E D U R C O N R   G
D O N G O I N G S E   F U C
  F L U N K S     C     P
```

Puzzle # 43
ASSORTED WORDS 43

```
    M A J O R S Y F F I P S
N     D E T A C I R B U L
O M O U R N F U L L E R
S F O R G A T H E R E D
T R   S E K I L A K O O L   E
R I O   C B P O L L U T E S X
I V   T A   M     S I     P
L E Y   S   B U     I F   A
S T T F T A   L D E N S E R T
  I O I I M C   O       A R R
  N O Z G R O Y G O L O I B I
  G T Z A   A S     M     A
    E E T     L S     I   T
    D S E N E P C I     N E
    I S S I C R A N L     G D
```

Puzzle # 44
ASSORTED WORDS 44

```
I R R E S I S T I B L E
F T       H N   T R U I N E D O
O G C     A O   N D         W
R G R E B G N I D A E B     N
E   N A F R O D T   R L     E
W R   I P R O N O A   T L   R
A C E C Z E E A E U V   N U S
R   H P I I V P D R T I   E B
N     I L T M I M S E S T
I     A C A R O N I I C   C
N     Z K C I T E   D K   A
G     A W S C S S   E O
    H E A L E D   U     S N
S E S I C E R P E     C
D E N E T S I O M D
```

Puzzle # 45
ASSORTED WORDS 45

			D	E	D	O	M	M	O	C	S	I	D
F	B	D	E	F	E	A	T	I	S	T	S		L
L	I	E			K								A
O			R	Z	G	N	I	N	I	L	T	U	O	T
W			C	I	S	S	L						I
E	I	G	H	T	H	L	E	O	D				T
R	E	G	N	I	S		A	U	H	O			U
B	D	E	V	O	O	R	G	T	G	C	G		D
E		J			E		U	I	N				E
D		A	F			I		R	T	O			S
S		C		E	N	O	D	N	A	B	A	H	
		K		L			W			F			
		E			T	Y	D	U	O	L	C		
	S	T	N	U	P		S	L	E	P	R	A	C
	S	E	K	O	R	T	S	Y	E	K	B		

Puzzle # 46
ASSORTED WORDS 46

			O	N	C	O	M	I	N	G			R
		G	N	I	R	A	D	N	E	L	A	C	S	A
E	R	E	L	B	B	I	R	C	S			H	U	G
X	L	O	U	S	I	N	G	O			A	N	A
P	R	P		Y			Y	L		U	R	M
L	E	H		M	L			L	E		V	I	U
A	M	Y		I		N		M	R	I	S	F
N	A	S	E	S	S	O	L	A		R	N	E	F
A	T	I		R		D	E	M	O	N	I	C	I
T	C	C	U	S	U	R	P	E	R	U		S	F	N
I	H	S	S	E	L	I	T	N	U		H	M
O	E		T	S	E	F	I	R				
N	S	S	R	E	D	N	E	V	O	R	P	
S	R	O	T	U	C	E	S	R	E	P		
Y	T	I	L	I	B	A	B	O	R	P	M	I

Puzzle # 47
ASSORTED WORDS 47

				M	E	N	S	W	E	A	R	
M	O	T	I	V	A	T	E	D		T	L	
	R		B		G	N	I	H	C	N	U	M
L	R	E	L	E	A	S	E	S		C	O
A		A	A		G			I		R
U	I		C	P	I	G	N	I	P	O	D		G
N		N	K		P	T		I		A
D		J		S	L	N		R	T
R		A	E		P	I	E	P	R	E	W	A	R
E	E		C	R	C	S	R	E	D	N	A	L	S	I
S		M	K		E	T	E	U	S	I		H
S		M		G	O	P	C	V	C
E			U		N	R	O	E	O
S	E	X	H	A	L	A	T	I	O	N	S	R
				G		L		T	P

Puzzle # 48
ASSORTED WORDS 48

E	V	E	I	H	T	D		L	
K	I	D	N	A	P	E	D	E	E
P	N	P	S	C	E	N	F
A	O	P	N	R	S	O
E	T	A	U	T	I	B	A	H	O	E	Y	R
S	I	E	T	S	R	S	A	T
T	N	G	S	U	S	U	H
I	E	N	T	L	W	E	R
L	B	I	S	E	C	T	O	R	S	N	I
E	M	P	T	I	N	E	S	S	R	V	G
T	P	U	N	T	I	N	G	D	N	H
T	S	T	R	A	F	E	O	T
O	D	E	I	R	R	U	L	F	C	L
F	I	T	T	E	R	E	I	B	M	U	R	C	Y
Y	L	G	N	I	U	G	I	R	T	N	I

Puzzle # 49
ASSORTED WORDS 49

	S				S	R	A	L	U	P	O	P		
	I	C			S	H	O	U	L	D	E	R		
I	L	O			A	F	F	I	D	A	V	I	T	S
N	K	P					D	A	N	D	R	U	F	F
C	I	I	P	R	O	V	I	D	E	N	T	L	Y	
U	E	E	A	V	E	S	D	R	O	P	P	I	N	G
L	S	R	D	E	K	S	A	B	L	U	N	T		S
C	A	S	S	A	Y	S	E	T	A	T	O	N	N	A
A	F	M	E	D	I	O	C	R	I	T	I	E	S	V
T	R		S	N	A	I	C	I	N	I	L	C		A
I	U			S	T	E	L	N	I		R			G
O	M		S	T	A	E	H	E	R	P	E			E
N	P						G				R			S
	Y							G			U			T
E	N	O	T	N	I			Y	R	E	N	N	U	G

Puzzle # 50
ASSORTED WORDS 50

	O				S	K	C	A	T	S	Y	A	H	
	U	K	C	A	S	N	A	R	T	C	E	R	I	D
	T				S	N	A	G	R	O				E
	S	I	L	L	E	G	A	L	I	T	I	E	S	P
	O			M	T	D	E	D	I	R	T	S		L
S	U		S	G	E	S	E			C				A
	R	E		U	N	T	A	K			I			N
	C	O	F		O	I	A	E	N			T		E
	I		T	I	S	N	T	B	R	A	W	L	E	D
	N	W		A	W	E	I	T	O	B	R			D
	G	A			V	E	L	M	A	L	A	C		
		P			C	O	S	T	U	M	I	N	G	
S	E	I	D	R	A	T	N	U	R	T	R	Z		
	T	K	N	A	R	P	N	O	U	I	O	E		
G	N	I	D	A	E	L	P		I	H	H	B	F	S

Puzzle # 51
ASSORTED WORDS 51

			H			Y	S		S			I		
			A			L	N		H			G		
C	C		S			I		D	E			L		
O	A		T			L			L	A		O	M	
	M	N	R	A	S	Y	E	L	L	A	K	O	O	O
		M	T	J	P	A		D	E	B	B	S	N	
G	U		D	E	A	P	L		D	N	O	H	O	
	N	S		N	N	C	R	B		O	T	E	P	H
	I	I	D		E	D	K	O		R	T	A	O	A
O			R	W		M	I	S	V	M	O	T	L	L
N			R	O		M	N			A	M	H	I	I
				A	R			O	G	L	L	E	E	B
			M	C				C	I			S	S	U
	I	N	V	E	S	T	I	G	A	T	I	N	G	T
S	R	A	T	S	E	D	O	L		Y				

Puzzle # 52
ASSORTED WORDS 52

D	P	A	S	T	R	A	M	I	D				S	P
W	E	H	P	E	N				I		C		L	R
	L	I	B	R	E	T	T	O	S		A	P	O	O
		P	R	E	V	E	N	T	H		P	H	W	S
K				R				P	R		T	O	S	P
I				D	E	C	I	M	A	T	I	N	G	E
N							F	B		G	P	V	E	C
E		H	S	I	L	L	E	B	M	E	A	Y	H	T
M	M	U	C	K	I	E	S	T			T	W	A	O
A		M	I	L	L	I	O	N	T	H	I		C	R
T	P	U	O	C	E	R	T					O		K
I				B	E	T	T	E	R	I	N	G	L	
C				D	E	M	I	A	L	C	C	A	E	
S	E	S	I	V	E	R	N	E	G	O	R	T	S	E
P	O	P	L	A	R	S	G	N	I	O	B	M	I	L

Puzzle # 53
ASSORTED WORDS 53

```
I T M A T E R I A L I Z E S
  N E     D               R D
S   T E   R E C H E C K E E
  A   K R N   P L   G     A A
  K I G I A I   L T E     P C
C N O N L N E   O S       P T
A L   I U I L S S     T O   L I
P S U   W Q M I I T U S J I V
S O   M   D E E N G R     E A
U L   E P   O S H G E     S T
L A   Y L S U O I C S N O C E
I R       I     H   S   T   D
N I       E X O R C I S T S
G A     M O D E L
    O V E R G E N E R O U S
```

Puzzle # 54
ASSORTED WORDS 54

```
              D E V I D E S O N
R G R A T I F I C A T I O N
E Y   D   S E E P E D
C   L U     E N R I C H E D
O     S L A N O I T N E T N I
M     T S       Y T           S
M     P S E Y L L I H C       P
E     A A T L L Y I N         R
N V   N N   O E K E T O       O
D   I S D     A S C N F B     U
I     D M     T A A K A       T
N   T N E I L L U B E R C R S
G       N N           C C A C
R E K I H H C T I H           H
H A M B U R G E R E L P A T S
```

Puzzle # 55
ASSORTED WORDS 55

```
  D E S O L A T E N E S S     O
    B C A R P E T             B
    C I   L               P I
    H O F B L O O D Y       A T
D     T V O   E           W U
J E       R E C   L       P A
F E T S N O I T A T U P M A R
R L E S     D B S L   I   W Y
E   U R I G N I N E K C A L B
P     F I F P S S R
R       F N E U H T U
E         E G S E E A O
S P I K E S D   O L E F T
S S G N I T I M I L I R F E
M I S C A L L E D   C P S S D
```

Puzzle # 56
ASSORTED WORDS 56

```
Y S P E L A T A C       C   P
  N D E V I S U L L I   A   E
F L O O R E C O R D E D N L R
    U G N I K L I M     N U S
    C L A R B I T R A T O R E
R J H   O W   Y       D N I V
E E I S   O A   L     O B D E
S V N G E   S D B I   G A N R
U I G   S R   E I   M F L E A
M L S     A O   N E   O L S N
I D   Y     W C N S S U O S C
N O   A L M A N A C S G   L E
G E     A       C B   H     G
  R       N     L   L T
  S             A E     A
```

Puzzle # 57
ASSORTED WORDS 57

```
. . . . D G N I T E H C A C
. . . E E . D S W
. . . L . T . E R O
F . . A . I . C E S
H L . Y . . R . N L O
E . U . S N E P E E D A A M
I S . C . T D . R Y M . H E E
G C U R T A I L M E N T S N H
H R . . U S P . . . T N . . E
T U . . . A . T . . U A
E B . . . F . T . O . . C R
N B . . . F . E . E . . . C
I I . . . E N I R H S N E
N N . . . C . Y L D I V I L
G G E X P A T I A T E S
```

Puzzle # 58
ASSORTED WORDS 58

```
S S B M O C Y E N O H
. O . . . H E R P E S
. . I . . H . S E C N U O R T
B E F C B R I G H T N E S S
E L . N L A D X . U
H . Y B . U O R E O . C
E C S . A . N C C O B
M A P U . I . C K H U L
O N E M . . V A W A I T I N G
T D C B . . . N . . G V S A
H I K R . . . K E . . E E . M
S D I A . . . E . . . . S S
. A N G . G A R A G E
. T G E D Y H E D L A M R O F
. E . D . . D E F I N E S
```

Puzzle # 59
ASSORTED WORDS 59

```
D A . S C O M P E L L E D
R E N . E O . . . . . L
A N F A . R L . . . A R
C E P A C . U O M U M M E R S
C W C O U H A T N . E S . N
O S . O M L R B R I . N T . O
O P . . N P T O S U Z T O B O
N A . E . S A E N C N E C O P
S P . M . E D D I O D K N I
T E D E K O V N O C S N E G E
A R . N . . . T U D M D O S
T E . D . . . . I R E S S T
I D E M O L I T I O N E D
O W E A K E S T E E R G D I
N . S E T A M I T S E . . . S
```

Puzzle # 60
ASSORTED WORDS 60

```
. S . . Y . D E R U S S E R P
O . T . . L C G N I K C N I Z
D . F N . L I Y . . I
O . . R E . A L F . N
R . . E T . P G I E B
O . . . T R P . E C R
U F L U E S T O . L E T
S . . . . G I P . E B U
D . . . . N N . . D . M P
S E K I H . T I G S . . I
. B L I S S E S . R
. . . I . F E S T E R I N G
. . . A . . E F F A C E
. . . . L S E T A L U B A T
. . . . F S T O R M I N G
```

Puzzle # 61
ASSORTED WORDS 61

		S		R	F	N							S	C
	F	C	S	S	E	N	I	P	M	U	R	G	O	O
	I	R	S	D	D	I	T	G					L	A
	L	U		T	E		K	H	H				O	S
	I	B			R	D	M	S	R	E			I	T
P	B	B		A	A	L	A	U	O	S			S	I
R	U	E			L		W	I	R	H	V	T	T	N
O	S	R	V		I			C	W	G		E	S	G
G	T	G		I	S		M	E	S	S	I	A	H	S
R	E	G	N	I	T	P	U	R	S	I	D	N		
E	R		C	A	S	A	D	E	B	B	O	C	S	
S			I		F		G	B						
S		B	L	U	S	T	E	R	E	D				
E			I					U	U					
D	S	L	A	U	S	I	V	M		P				

Puzzle # 62
ASSORTED WORDS 62

				D	N	A	L	N	I	A	M			
		D	E	R	E	T	T	I	L	T		U		
H	E	L	I	C	O	P	T	E	R	T		R		
G	N	I	R	E	L	L	O	H			R		G	M
			D	E	V	A	L	S		A			E	E
				B			C			I	C	N	R	G
D				E	T	L	U	P	A	T	A	C	C	U
	N	H	C	R	A	L	R			I	I	Y	H	A
		I			I		R			V		O	A	V
		B	B				I				E		N	A
E	H	T	A	E	R	W	C				L		T	S
				R	R		U				Y			I
				I	S	O	L	A	C	I	N	G		N
S	E	L	B	A	N	R	U	T	E	R			G	
	S	Q	U	A	D	S	M	I	S	N	O	M	E	R

Puzzle # 63
ASSORTED WORDS 63

		N	O	T	A	M	O	T	U	A				
	I	N	C	O	M	P	E	T	E	N	C	E	M	
					S	R	E	D	N	I	L	B	A	
D	E	T	A	N	O	B	R	A	C				N	
C	H	A	M	P	I	O	N	S	H	I	P	G	G	F
S	A	L	B	A	C	O	R	E	S			U	L	R
D	L	H			D	M	T	O	R	Q	U	E	I	E
	N	L	T	S	T	E	H	C	O	R	C	S	N	N
		A	I	U		D	R	G				S	G	Z
			L	R	R			E	N			I		I
				M	H	T			D	I		N		E
E	S	T	I	M	A	T	I	N	G	L	C	G		D
	P	R	O	F	F	E	R	E	D		U	I		L
	G	N	I	N	E	K	R	A	E	H		O	D	Y
M	O	R	A	L	I	Z	E	D					B	

Puzzle # 64
ASSORTED WORDS 64

	C	I	T	E	R	O	E	H	T	D					
		O	S	U	N	S	C	R	E	E	N			G	
		R	E	N	E	G	A	D	E	D	H			U	
I					N	H	D	E	X	P	U	N	G	E	D
G	D	G			E		C		I			M		S	
R	N	E	N			G	C	A	G			I		S	
R	E	I	N	I		N	T	E	N	D				T	R
E	K	T	H	T	M	S	I	I	T	I				I	E
S		O	A	C	I	O	E	N	V	F	T			M	C
T		X	O	E	N	F	O	H	O	I		Y		A	T
O		I		B	W	A	I	B	C	E	T			T	I
R		N				K	S	T	E		R	G	Y	E	F
E	S	S	E	L	P	O	T	S	R	S	O	N	S	I	I
R						F	O	A	L	S			C	U	E
S	K	I	L	L	F	U	L	C						S	D

Puzzle # 65
ASSORTED WORDS 65

```
          G N I T B U O D E R
S   R E G E N C I E S     A
O C A N O N I Z A T I O N S
U P H     P O S S I B L E R
T S R I           D     C
H S R E S   D E T O X E D O F
E   E E D E P       W     O N A
R   E N H O L O   E     T L M
N     Z N S M S R L       A O O
M       I U I I     T       O U
O       L F L N   I       K S
S       S L A R O A   C   E
T A R D N U T N     P T   O R
F I N G E R P R I N T E D S
S S E N L L I T S F     S
```

Puzzle # 66
ASSORTED WORDS 66

```
        D E R E P A I D       P
M S L I V E D E R A D       L
A   S D       T         P E
R   E C E T A L O I V N I A
A   S   N U M N     O     T S
T   P Y B L D E I     B   C A
H S O S L A U D H A       H N
O E I   N L L F L C P     F T
N T L T   U U K H I S E   O E
E E E D A   G F I T E   R R
R A R   R M   G T E I S K
S C     U A   L H S A T
  H       C R   I G T F
S N I K S G I P D   N I
      F I Z Z I N G R
```

Puzzle # 67
ASSORTED WORDS 67

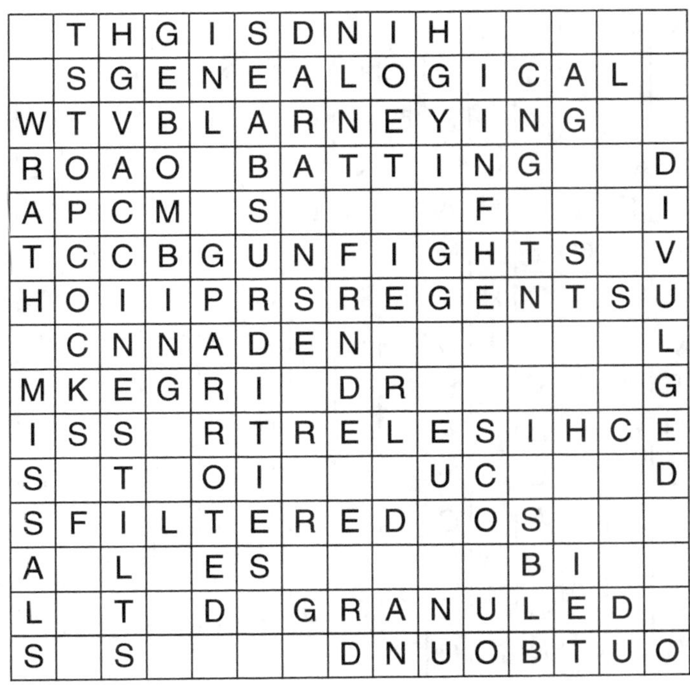

```
  T H G I S D N I H
  S G E N E A L O G I C A L
W T V B L A R N E Y I N G
R O A O   B A T T I N G       D
A P C M   S         F       I
T C C B G U N F I G H T S     V
H O I I P R S R E G E N T S U
  C N N A D E N           L
M K E G R I   D R           G
I S S   R T R E L E S I H C E
S   T   O I       U C         D
S F I L T E R E D     O S
A   L   E S           B I
L   T   D   G R A N U L E D
S   S       D N U O B T U O
```

Puzzle # 68
ASSORTED WORDS 68

```
E         R S S L
K T       T E R U E           S
R E U     R I E L V           U
S E E B S S   A N S L E       R
T   K N I E E   D I U A L     R
A   E I S R I Z   U A     H   E
N A   N B E T R I H C R O P A
D S U   I G R S A R     E     L
O     L G D T N U I D O   S   I
U     E E   N I L D I H       S
T       S R   E I I E P T     T
S P O O N E D   D X A R A U S
M I S G I V I N G   A F   L A
  R E S P O N D E D     T
    S R E L I A T E R
```

Puzzle # 69
ASSORTED WORDS 69

N	O	O	C	A	R				C	L	
M	A	N	L	Y				A	O	G	
C	S	E	P	Y	T	O	T	O	R	P	N	A	R
O	O		D	E	L	K	C	I	R	P	D	T	A
	G	N	I	L	L	E	V	O	R	G	I	H	T	S
	R	S			B	Y	W	O	R	D	S	I	C
M		E	T	C	H	A	P	E	L	N	O	F	R
C	E	S		D	A	L		L		E	M	I	U
	L	R	L		N	B	E		I		S	E	E	B
E		O	I	O	A	U	U	A		A	S	N	D	B
	X		V	N	R	S	S	L	N		S	E		I
	C		E	G	A	P	L	A	U		S		N
H	O	N	E	Y	R	U	C	E	L	R	P	S	A	G
			P		S	E		N	A	Y
			T			S		S	M

Puzzle # 70
ASSORTED WORDS 70

			C	O	N	C	E	I	V	E	S	R
D	S	L	O	O	T	S	T	O	O	F		E
	I	G	O	S	S	I	P	I	N	G	C		R	S
S		V		N			B	O	H	M	E	T
C	A	D	E	R	O	N	O	H	L	U	R	A	C	U
R		D	C	R		W		U	T	O	M	L	D
I		Z	O		T		I		F	S	N	B	A	I
P		E	L	R		E		S	F	T	O	O	S	E
T		A		L	A		D		E	R	L	I	S	D
U		L	O		A	B	R	A	S	I	O	N	I
R		O	Q			L		T	P	G	G	F
E		T	U		P	E	E	L	S	I		I
S	N	O	I	N	I	M		Q	U	I	C	H	E	S
Y	L	S	U	O	L	E	V	R	A	M	A		D
	M			Y	L	W	O	L	S

Puzzle # 71
ASSORTED WORDS 71

M	E	V	I	T	A	R	E	P	O	N	I
U				S	T	S	A	M	E	R	O	F	M
S	F		S	R	E	L	K	C	E	H		E	I
K	E		G		E	U	T	E	C	T	I	C	M	C
E	A	K	R		R	I					I	R
T	R	L	O	T	N	E	G	I	L	I	D		N	O
E	F	O	S	C		E	K	O				I	C
E	U	R	S	H		C	A	L			N	O
R	L	D	L	U		N	M	O		I	S
F		L	Y	R		I	S	M		T	M
	L	Y		N			V	S	S	Y	S
	T	O	H	S	D	O	O	L	B		N	E	O
	O		H	A	I	R	D	O	R	C
	Z	P	R	A	H	S	D	R	A	C	D
	Y	P	E	R	C	E	N	T	S

Puzzle # 72
ASSORTED WORDS 72

Y	L	L	U	G	Y
	G	N	I	T	S	E	V	N	I	E	R
	Y		E	D	I	L	S	D	U	M		N
D	G		C		H	E	U					E
	E	N		S	A		C	L	Q		S	G
P		N	I		M	R	M	N	F	I		Q	O
R		G	P	B	A	E	U	U	F	N		U	T
O		E	I	U	L	R	T	L	P	U	I	A	I
F		M		L	O	O	D	I	B	Y	C	B	A
U	C		B		A	A	R	Z	B	L	E	E	S	B
S		L	L		N		G	E		L	R	K	L
I			A		C			L	N		I	R	E
O		Z	N	E			S		G			Y
N		O		S	R	R	U	B		E
S		N	M	U	S	C	U	L	A	R	I	T	Y

Puzzle # 73
ASSORTED WORDS 73

```
I S O M E T R I C S
E S I N O F F E N S I V E L Y
O C   Y L L A M I N I M
B A I F       B D I                 P
L N   O R   M L E S               E
I T     H I     S A S T           A
G I       C D     I C O R         S
A E     D   I G     T K P U       A
T R G E S I C R E X E J S S N
E   O     E G     C T     N A I T
N R U T P U G I     A S     G C D
S K R O W E M A R F     O   A K
    D E H S A L S F         P   M
      B E D F E L L O W S     I
      S T S I L A R U M D         R
```

Puzzle # 74
ASSORTED WORDS 74

```
      R   D E G N I T R E S S A
      I R P L A S T I C I T Y
T V   O S E I C N A C A V C
R A     S R                     O
A L Y     I E M A D A C A M
N L   L E   V I                 M
S I T   S X   I R               E D
P N F S N S E R D R             M A
A G O   E O E C I C A N N O T
R   Y I Y I E L U P   C   R A
E   E   S K T G R T P       A B
N R     U O L R E A L       T A
C   S       L O A U W B E I S
Y   L A C I L E H S S O L V E
      L I V E R Y D         P E
```

Puzzle # 75
ASSORTED WORDS 75

```
      I D E N T I F I A B L E
S T O C K S B A S         M O
S S A R A H L P S I       O B
A E         U P E   E     D D K
L S L       R R R       R E U N
T   E B E   R O E E     R R I
W K   D M X I V S   T   A A C
A   E   I U E I T       E T T K
T     E   R R N           E I K
E       N   Y G N         D N N
R     D I S L O C A T I N G A
  R E I Z T I R J D E T T O C
Y L E V I T C U R T S E D     K
G L A C I A L L Y R A C C E P
    C I S N E R O F
```

Puzzle # 76
ASSORTED WORDS 76

```
  G   A T H E I S M S P   N I
P   N   S P M I P L P R   E M
H M   I   T       A L I   G P
E Y U   T   N     N A G   L R
H L P T   E   E   C S G C I E
I S B O S F N   M E H I O G C
T   A A G E D O B T Y S N I I
C S M T I L N   Y   I H T B S
H H E W N L Y I   A   M A L E
H R S I   E P C M   B   M Y L
I I S G T D C   E R       I O Y
K F A G   T   A   M A   N   C
I T G I     I   L   I C A
N   E E     R   P   C N
G   D R P L O U G H     T
```

Puzzle # 77
ASSORTED WORDS 77

		S	S	E	N	I	T	L	I	U	G			U
Y	R	A	C	I	V	A	Q	E	Z	I	L	Y	T	S
S	T	N	A	I	G		P	U						H
P		S	R	E	G	N	A	D	A					E
E	N	E	R	G	I	Z	E	D	A	I			I	R
R		D	B	I						E	N		M	
I			O		H						D	T	P	M
S			W	M	S	T	N	E	I	L	A	S	R	O
H		D	L		I		D	E	P	L	O	R	E	D
I			E			C		O					S	E
N			R	N			I		O				S	R
G			S		N			L		L			I	N
S	E	C	I	R	F	I	T	N	E	D	B		N	I
S	E	I	D	R	A	T	B	E	H	I	N	D	G	T
				K	C	A	B	S	A	V	N	A	C	Y

Puzzle # 78
ASSORTED WORDS 78

	H	E	A	D	Q	U	A	R	T	E	R	S			
	S				I	N	T	I	M	I	D	A	T	E	S
S		E	S	S			S	D	R	A	W	N	W	O	D
M	U	Y	Y	R	S		L								E
S	A	O	L	E	E	E		A							H
E	A	E	U	G	K	I	N			G	N	I	R	W	Y
S	L	S	R	N	N	C	D	E	N	E	F	A	E	D	D
H	T	E	H	T	E	I	U	R	L		R				R
R	E		C	A	S	G	V	B	A	T					A
I	M			T	Y	D	N	O	S	B	T				T
M	P				R	S	I	I	R	P	M	I			I
P	E		A	P	P	O	P	M	S	P	E	O	L	O	O
E	S	G	N	I	C	U	D	N	I	I	P	E	B	N	N
D	T			G	O	R	I	E	S	T	D	A	W		
M	A	R	C	H	I	O	N	E	S	S	E	S			

Puzzle # 79
ASSORTED WORDS 79

	P	R	E	C	A	R	I	O	U	S	L	Y			
G		S	S	E	L	T	U	G	S	U	N	K	E	N	
D	N	L	N	E	C	R	O	M	A	N	C	E	R	S	S
O	I	I			O	C	P	R	O	S	P	E	C	T	T
N		S	N		I		I	Y	E	T	O	M	O	R	P
O			T	C	N	S	T	T	L		S				
M	G	E				R	A	T	A	S	N			T	
A		N				I	C	F	L	I	M			R	
T	P	S	I	S	C	M	S	I	O	R	E			A	
O		A	F	T	R	H	I		L	S	U	L			W
P			R	L	T	E	I	N			E	N	T	O	
O					F	A	O	N	S	A		C	O	U	S
E	K	A	P	S	A	S	N	E	E	T	N	A	C	F	
I							I	K	K	P	L	E			F
C				S	T	A	R	T	S		O	S	S		

Puzzle # 80
ASSORTED WORDS 80

				D	C	I	N	A	H	C	E	M			
			G		S	E	T	A	N	I	M	I	L	E	
C	O	N	N	E	D	C	S	S	E	N	I	Z	A	L	L
	D			I	C	A	R	E	E		E				
S	H	E		I	D	N	H	E	I	T					
A	D	O	L		M	A	E	I	S	L	T				
I	W	N	U	B		P	N	L	J	C	G	I			
	M	E	U	S	M	D	E	O	U				E	N	N
O	G	P	S	O	E	E	I	C	N	P		N	I	G	
T	V	N	R	T	R	W	S	O	C	N	R		D	K	
	H	U	I	I	R	G	O	S	R	A	A	O			I
		W	L	P	S	U	P	R	A	E	B	C	C		
			A	A	A	O	C	M	K	S	T	L		L	
				R	T	E	N	K	A			I	S	E	
					T	E	L				C		D	A	

Puzzle # 81
ASSORTED WORDS 81

```
  D E R E V U E N A M T U O
E       G     N D A O L P U
  H U N I F Y N   O         P
    C Q       I T       Q O
P N O M S I E H T N A P U R
R U   U T       I C     A T
H N   A       N   T   R E
E F E T C H I N G L Y U   T R
T D E Z I R O D O E D   H E I
O       N A H C T A M E R N
R       G F         R G
I     S K C O T S R E V O
C   N O I T E R C S I D   V
A H A S H I N G H O U L S E
L   E D O R Y O J       S
```

Puzzle # 82
ASSORTED WORDS 82

```
  Y N O I T A L L E T S N O C
    A   N S S S
  S V L   O E E E R
  L A S P   I G H N E
L I S T E N S T U S I H
P V S   G S W   C E U H S
R E A D E T R O P E D R C A
A R L   O S   A D   S   N A R
N I E   L   R   H       C O M
K N D   O   S E Z T N I L B
S G   G       Y I   A   U I
T     Y       R N   C N K
E S R E F N I       E N   K I
R S E L C I T R A P V A Y N
    S E T A R G I M E P I
```

Puzzle # 83
ASSORTED WORDS 83

```
S H I M M I E D   Y H T I M S
D O G G E D I S C U S S I N G
D           K R O C N U
D R E I F I S N E T N I
S N O I T A R B I L A C     L
E R U O E   C E     M     O
  T E O P V   U N     O   A
S S A D B I O Y R T N U O C M
S L K R I E E R L T E     I
R N O E E E S R P L A R   E
A   W W E C   U   E E I   S
P   A P R S   O   R U N   T
I     R O   I   H     R E
N     P K   V M A N I C D
G           E N E V I R H T
```

Puzzle # 84
ASSORTED WORDS 84

```
    A P O T H E O S I S
    G N I H C T A H
C I   N S R E T O O B E E R F
  O N O I T P E C X E
F B L V   T M A N T L E D
A S   L A H A M B U R G E R S
T C O   E R S E N     U     N
U U   H   C I T R I     C   I
O R     C G T A U T M     E G
U I     Y E I B O N B       H
S N     S C V L L E L     T
L G     P K I Y I     Y H
Y H T I L O N O M O S   A   A
I M B A L A N C E   S T   B W
  E N E R V A T I O N S     K
```

Puzzle # 85
ASSORTED WORDS 85

I	N	C	R	E	A	S	I	N	G					
	N	S			D	E	Y	A	P					I
		O	E		D	E	C	I	T	N	E			N
			I	H	C	A	L	C	U	L	A	T	E	E
H	G	A		T	S	H	T	I	M	M	U	S		F
P	U	A	S		A	U	U		V					F
A		M	U	S	C	C	R	C	S	E	R	A	C	I
R	N		B	N	A	A	E	L	K		D			C
D		A		L	T	Y	N	F	U	S		E		I
O			L		E	E	S	T	E	B			B	E
N				Y		S	D	E	D					N
I	C	A	T	A	T	O	N	I	C	E				C
N				S	E	I	K	N	U	J	N			Y
G					S	K	C	A	H	W	H	S	U	B
N	O	I	T	A	C	I	F	I	T	R	O	F		

Puzzle # 86
ASSORTED WORDS 86

S	R	E	K	N	A	T	S	M	R	E	T	D	I	M
D	E		S	U	B	S	I	D	I	N	G			C
T	I	G			D	E	T	C	I	V	E			O
O	M	S	A		B	A	C	K	L	O	G	S		N
L	L	A	D	W	G					R			M	T
E	O		R	A	E	N	G	H				D	E	U
R	V	T		R	I	N	I	N	O			E	N	M
A	E	R	R	G	I	N	A	Y	I	O		E	A	A
B	M		E	I	N	A	F	C	F	D	P	R	C	C
L	A			I	C	I	G	U	T	I	A	S	E	I
E	K				S	K	L	E	L	M	R	F		O
L	I	K	E	N	E	S	S	Z	A	L	E	O		U
D	N	O	P	S	E	R	O	T	Z	B	Y	N	L	S
	G							L	E	U	L		T	G
G	N	I	N	O	S	A	E	R	G	R	N	E		

Puzzle # 87
ASSORTED WORDS 87

		S	T	O	C	K	I	N	E	S	S		G	
	S	S	E	N	T	U	O	V	E	D			R	
	C	C	S	T	R	A	I	T	E	N	S		I	
	O		I	N	E	Q	U	I	T	I	E	S	T	
	M			X					S	K	E	E	T	
B	P	F	R	E	E	B	A	S	I	N	G		I	
	E	D	E	Z	I	R	A	T	I	L	I	M	E	D
R	T	F	G	N	I	O	O	B		S	M	A	R	T
A	I		O			E	C	N	U	O	J			L
C	N			G	N	I	M	R	A	L	A			A
Q	G		M	I	S	P	R	I	N	T	E	D		C
U			N	O	I	C	I	P	S	U	S			I
E		G	N	I	S	S	A	P	R	U	S			N
T				R	E	I	N	V	E	N	T	I	N	G
S	H	Y	D	R	O	E	L	E	C	T	R	I	C	

Puzzle # 88
ASSORTED WORDS 88

	F	O	R	M	U	L	A	T	I	N	G			
					D	E	S	O	L	C	E	R	O	F
G		B		D	E	T	U	B	I	R	T	S	I	D
	N	S	L	I	A	T	H	S	I	F				
E		I		A	C	O	A	G	U	L	A	N	T	S
	L	P	Z		C	U	R				A			
E		B	O	I	O	K	P	B			T			
	S		A	W	R			B	E		T			
		T		B	D	O			I	N	E	I		
			R		I	E	G			R	D		U	
			A	O	R	R	E			D	S			R
		S	C	A	N	S	C	Y	T					F
G	A	P	E	S	G			S	D	A	T	I	V	E
G	N	I	H	T	I	K	E		A		C			
G	N	I	R	I	M	S	E	S	S	E	R	P	X	E

Puzzle # 89
ASSORTED WORDS 89

```
S E A M A N S H I P
    G N I Y A L R E V O       S
        S W A S K C A H       T
G N I L L E N N A L F         O
  Y       T       A A         O
T O R P O R S S L A H C S A P
C O N T E N T O L       E S   E
      S D   M E   T   I D
        I E L D R C O         F
          U C L E A N S E S
C R U S T I E S R E D E A
    P E P P E R Y A E S I R H
S E R E N E L Y   C O T H     C
D E T A N I D R O O C U
    T N A L I B U J       O
```

Puzzle # 90
ASSORTED WORDS 90

```
        H A M B U R G E R S I
S E T A R D Y H       X T   N
        P           T O E A
S L E E P I L Y     R U N C
C O N F E D E R A C Y O R T C
      H U G E L Y A   V N R E
T C O F F I N S L T   E E E S
F S H T R A E H A   R Y A S
S E I B A B     L T S B T I
  N   R   B     O   I O E B
  G     D L     G   O O D L
  I S H T A R W   E   N S N E
  N     M       D     T   S
E S T N E I R O S I D E
  S       R   S D A Y R D
```

Puzzle # 91
ASSORTED WORDS 91

```
E   E X T I N G U I S H E S
  S T T       G U B M U H
    P N I   R E V E R S E D F
B S D R A C Q U I R I N G   U
P U E E E R L       T   N I R
A T D R C S E A     T   U R L
N U L G U I S T C   L C M A O
G M   A E T O O L   E O B S U
I B F   O R C V S U   L E C G
N R   U   H I E N   D L R I H
G I     N   S G L I   A L B I
  L K     G P M A R C T E L N
    R     A     R   E S E G
  F R I E N D L I E S T S
        J       S
```

Puzzle # 92
ASSORTED WORDS 92

```
          S             M   R
    S S       T I C K E R   E   E
E   R E       N   L       A S F
  L   E I J E E R E D     S O I
  R B   T C K   U   A     L P N
P R E A   I N U   L   N E P E
H E E P I G R A M S F     S I M
R D L T L V   W N Q P     E E
A   E C N E S   G G U M     S N
S S C K A E T Y   N I A A T T
E   T   C T E I O   O L T L
  O N   U N R N B   S A S C
  R   I   D E   G W       M
  S       H       T   O
    D E T E R R E N C E
```

Puzzle # 93
ASSORTED WORDS 93

```
          S G O D P E E H S
    G S   D E E D S T R E A K S
      U R H A N D G U N         T
      S E     I               A
L     H V     L L I T S N I   I
S A       I I   R E           R
C H E E S I E R   O T           W
U     P       S D F G A       A
F J T E P M U R T   A U D     Y
F U     A N N O U N C E R S
L M A N G L E           T S
E P   M I S Q U O T A T I O N
  Y L E T I S I U Q X E       R
    D E T A R E P S A X E
F E R O C I O U S N E S S
```

Puzzle # 94
ASSORTED WORDS 94

```
        G S N O I T A L U D O M
        I N S E C T I V O R E S
G   D G Y I S R A T I S   P
  N S E N L W D E S T I N E
    I K I I L O E I       N O
    G N C F B A T B L     I V
S     L O O I B I S R F   T E
  N     A S D D I N E A   E R
    E R   N I D O F N B B N L
B U R E A U C R A C I E S T A
      C R   E P H   W I S P
      U   G     D M   A   B P
G N I R I W E R     I R     I
    B U S I N E S S M E N     N
    E R O P M E T X E R N E G
```

Puzzle # 95
ASSORTED WORDS 95

```
A P P R O B A T I O N S M R
P N C O M P U T E R S   O E
O I   Y   S   T   D   L C M
P   M   R   T   U Y   D R U
L   A   A   C   N     I I S
E M     T   H   E A E E M K
X E X I S T E N C E S S I R
I A L   G   D     T I T N A
E N O   S N E     I G B A T
S S A N   E I     C H U T S
    D O   C S     T L I
    A   E   E I W   E L N
    B     L R   L O D I G
  Y L E L I T S O H S D E
    E G N I R U T N E D N I
```

Puzzle # 96
ASSORTED WORDS 96

```
      M   D I     S I N N E D
Y   E   A   E N I M A T I V M
  L   V S D   M T           A
E   G C I T A B O R C A     I
C   R N   T O C   R I       N
C G G E I   A G A   G C     S
E T N N D T   L I M   O A   T
N A   I I N E   U B     P T R
T X S E M Y U E   M         E
R O C F   O R O L D U       A
I N A F T E R E F F E C T   M
C O M E       A M O   T C   E
I M P C       C E R   A A D
T I S T P L U C K     P   O
Y C   S   M E G A B Y T E S C
```

Puzzle # 97
ASSORTED WORDS 97

```
R . . A V I D E R . .
E . N P R E P A I D G .
S . . O . E G N I V A T S S
O . A . S . I . . R W E P
N . . D . H C H A P T I L I
A B L E A C H E R S . E E A T
N . . . C . . S . U R L S T
C S T N E N I T N O C B D T E
E R S E S I H C N A R F S I D
. U . S E L O H L L E H C
Q U A D R E N N I A L . I
. . D P E S T I L E N T
. F O B B I N G . . Y
Y L E U Q S E T O R G
. G N I Y A R R U H
```

Puzzle # 98
ASSORTED WORDS 98

```
. . . . . K E N N E L L E D
P . S E T A N E H P Y H . P .
E . G L O W I N G L Y . . L .
R . . B C R Y B R A E N U .
S R E S L A F E . . . . T M
U S G . T P P . T . E . O I
A H R N S L . T . T . N D C C
S D E O I E E . I . O T O R R
I L E R T T L M . S . H W A O
V . I N E S F B S . M R N T M
E . . A I T E E I . . A P . E
L . . N H I T L C . L L . T
Y . . B C C O C U L A . E
. . . O A A R . R Y . R
S K I L L E T H M L P . C
```

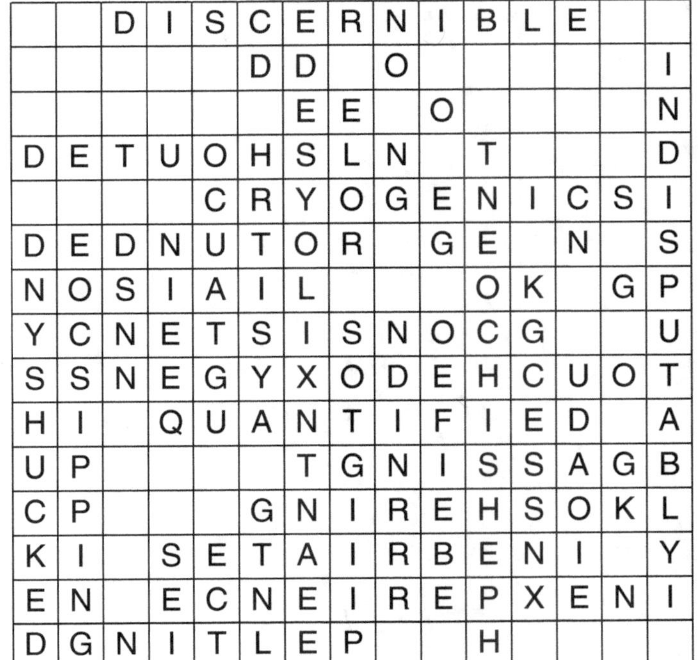

Puzzle # 99
ASSORTED WORDS 99

```
. D I S C E R N I B L E .
. . . D D . O . . . . . I
. . . E E . O . . . . . N
D E T U O H S L N . T . . D
. . . C R Y O G E N I C S I
D E D N U T O R . G E . N . S
N O S I A I L . . . O K . G P
Y C N E T S I S N O C G . . U
S S N E G Y X O D E H C U O T
H I Q U A N T I F I E D . A
U P . . T G N I S S A G B
C P . G N I R E H S O K L
K I S E T A I R B E N I . Y
E N E C N E I R E P X E N I
D G N I T L E P . . H
```

Puzzle # 100
ASSORTED WORDS 100

```
. . . . . . Y T I N U M M I
. . . S D E R B N I . . .
. . E Z I N R E T A R F
S T F A R D S U F F U S I O N
N . M F R E E L O A D E D . M
I Y L E T A R U D B O . . I
G . . . M . . R . . G . . N
H H . . . B . . E . . O . I
T . C . . S E D A F . F . S
C S T N I O P R E T N U O C T
A . . U . C E S S P O O L E
P . . T R U C K I N G C . R
S . G N I H C A O R C N E . I
. . B M O C Y E N O H . A
. A T A M O H P M Y L . L
```